向上突围

Success and Something Greater | Sharon L. Lechter Greg S. Reid

赢家的19个
行动和思考原则

〔美〕莎伦·莱希特 〔美〕
格雷格·里德——著
邹笃双——译

中国出版集团 现代出版社

版权登记号：01-2022-2780

图书在版编目（ＣＩＰ）数据

向上突围 / (美) 莎伦·莱希特，(美) 格雷格·里
德著；邹笃双译 . -- 北京：现代出版社，2022.6
ISBN 978-7-5143-9909-7

Ⅰ . ①向… Ⅱ . ①莎… ②格… ③邹… Ⅲ . ①成功心
理－通俗读物 Ⅳ . ① B848.4-49

中国版本图书馆 CIP 数据核字 (2022) 第 096068 号

©Copyright 2019 - The Napoleon Hill Foundation.
The simplified Chinese translation rights arranged through Rightol Media
（本书中文简体版权经由锐拓传媒取得 Email:copyright@rightol.com）

向上突围

著　　者：〔美〕莎伦·莱希特　〔美〕格雷格·里德
译　　者：邹笃双
策划编辑：王传丽
责任编辑：王　羽
出版发行：现代出版社
通信地址：北京市安定门外安华里 504 号
邮政编码：100011
电　　话：010-64267325　64245264（传真）
网　　址：www.1980xd.com
印　　刷：三河市国英印务有限公司
开　　本：880mm×1230mm　1/32
字　　数：117 千字
印　　张：6.75
版　　次：2022 年 9 月第 1 版　　　印　　次：2022 年 9 月第 1 次印刷
书　　号：ISBN 978-7-5143-9909-7
定　　价：48.00 元

自人类诞生以来，寻求意义一直是我们最深刻的本能。

我们渐渐地失去了耐心，渴望以闪电般的速度获悉生命的奥秘与答案。

本书汇集了当今最顶尖的思想，是一本易懂易学的智慧锦囊。

无论是关于个人生活，还是商业发展……我们总想从身边的佼佼者那里获得保持永久丰裕的秘诀。

本书唯一的目的：当我们开启成功大门之时，与众人分享解锁成功的魔法钥匙。

潜意识就像磁铁，

一旦被唤醒，并沉浸在

明确的目标中，

就会产生强劲的吸附力，

让所有必要的条件聚集起来

将目标变成现实。

——拿破仑·希尔

通往成功的魔法钥匙

本处节选了拿破仑·希尔的《真实的广告》
（*A Truthful Advertising*）（1917）一文中的
部分内容。

在介绍什么是解锁成功的魔法钥匙之前，
我要申明，这并非我的首创。

这把魔法钥匙拥有神奇的力量，使用起
来十分简便，只可惜大多数人没有很好地利
用。对于那些简单的成功秘诀，那些能够开
启健康和财富大门的钥匙，人们往往嗤之以
鼻。但成功的秘诀就是这么简单。

这把魔法钥匙将给你带来财富，为你赢
得好名声，还能为你带来健康的体魄，让你
受益良多。它将激发你身体里所有的潜能，
助你成就任何你想要成就的事业。

使用这把魔法钥匙，人们打开了世界上所有伟大发明的秘门。它的神奇力量还帮助人们掌握了各种了不起的本领。

假设你只是一个身份卑微的打工人，渴望获得更高的生活地位，魔法钥匙将帮助你实现愿望。卡内基、洛克菲勒、希尔、哈里曼、摩根和古根海姆……这些人借助这把钥匙积累了无尽的财富。

如果你问"这把魔法钥匙到底是什么"，我的回答只有一个词：专注（concentration）。

我想谈一谈"专注"在本书中的含义。希望读者们明白，我在书中并没有提及任何神秘玄妙的东西。这里所说的"专注"，绝不是指端坐在房间里目不转睛地盯着一个地方看，而是指集中你的注意力。

"专注"指通过固定的习惯和行动，将精力集中到一个主题，直至最终完全熟悉并掌握它。

换句话说，它是一种思维能力，一种从某个主题中的各个方面尽可能多地获取知识，并在实践中运用这些知识的能力。

无论专注于什么主题，你都必须能够深入思考。请记住，心不在焉不是思考。高效、科学的思考意味着引导思绪游走于主题之树的各个枝蔓，让思绪延伸到每根枝条的尽头，然后再返回树干。但无论何时，你的心始终关注着整棵树。各种干扰可能会让你思绪混乱、心骛八极，但你必须学会在思绪游离得太远之前，将其拉回到原来的主题。这种能力就是专注。

如果仅此而已，那显然远远不够。你还必须了解更多使用这把魔法钥匙的方法。我想告诉你，首先你必须唤醒自己的雄心（ambition）和欲望（desire）。它们带来的无尽动力会让你更加专注。没有雄心和欲望，魔法钥匙就毫无用处，这也是很多人不能成功使用这把钥匙的原因所在。

只要欲望足够强烈并切实可行，专注这把钥匙就能帮助你将欲望变为现实。

如果你想成为商界巨子，或者想让自己的价值随着年龄的增长得到提升，又或者你想专注于某项工作，希望自己永远都不惧怕失业的风险。那就调动你的想象力来描绘这一愿景，并把它变成一幅幅美丽的图画。专注于你的欲望吧，看看到底会发生什么！

现在，你已经掌握了魔法钥匙的秘密。它将帮你实现人生中所有切实可行的目标。只要你孜孜以求的目标确有价值，专注于其中就能使你成为更加优秀的自己。魔法钥匙并未就此披上神秘的外衣，而是用最简洁的语言写成，任何人都可以轻松地理解，但我们不能因此而低估它的价值。大道至简，所有伟大的真理归根结底都是这么简单。

开动你的聪明才智使用这把伟大的钥匙吧！只要你的

目标确有价值，它就能让你美梦成真。秘诀如此简单，如此简便易行，却能带来奇妙的效果，为什么不试一试呢？带着它重新启程，在接下来的 5 年或 10 年中，你一定能在自己心仪的岗位上创造出一番成就，再也不会因为工作卑微而感到羞愧。家中的几代人都会为你而感到骄傲。

> 专注、雄心和欲望——有此三项，你一定能获得成功。
>
> ——拿破仑·希尔

几十年前，拿破仑·希尔诠释了何为"魔法钥匙"，诠释了专注、雄心和欲望三者结合的意义。时至今日，这把钥匙依然适用。但专注、雄心和欲望，这三者可以用不同的方式结合在一起。

编撰本书时，我们采访了各行各业的成功人士，探索了魔法钥匙在现实生活中的种种妙用。你将领悟到这些人使用这把神奇的钥匙开启成功之门的具体方式和方法。

挑战自己，看你能否从这些人的故事中汲取营养，借他们的智慧来完善你的魔法钥匙，帮助你早日获得成功。

莎伦·莱希特　格雷格·里德

目
录

第一章

心想才能事成

感悟所思，自然能思有所感。

拿破仑·希尔的《思考致富》（*Think and Grow Rich*）一书中有"心想才能事成（thoughts are things）"这种说法。我们产生想法，进而采取行动，由此获得成功。这一切的功劳当然属于我们自己。但仅靠有想法是否足以产生预期的效果并获得成功呢？

希尔认为答案是否定的。虽说心想才能事成，但心中的想法能否产生预期的效果，还要仰仗于伴随这些想法而来的各种情绪和感觉。情绪对我们的想法有着深远的影响。无论如何，情绪都将决定想法是会成为我们进步的垫脚石还是成为进步道路上的拦路虎。同样可以肯定的是，伴随想法而来的感觉越是强烈，我们就越有可能采取切实的行动。

感悟所思，自然能思有所感。换句话说，我们每个人都有很多想法，这些想法或积极，或消极，或复杂……但是每一种想法都会产生相应的感觉：消极想法产生糟糕的感觉，积极想法产生美好的感觉。

我们会考虑自身的感受。换句话说，情绪会影响我们的想法。当我们高兴或兴奋时，产生的想法往往是非常积极的，关于这一点我们并不陌生。因此我们可以说，感受和想法密不可分。

正如希尔所说，当我们的想法和情绪相契合的时候最有希望取得成功。这是发人深省、令人深思的哲理。

约翰·阿萨拉夫就是个有趣的例子。早年被人们当成骗子的他，为了得到想要的东西无所不用其极。他年轻的时候考试作弊、小偷小摸、打架斗殴……学习令他头痛不已。甚至当他的第一本书《拥有一切》（*Having It All*）荣登《纽约时报》畅销书榜单的时候，他依然被人称为"街头混混"。可以说，在人们眼里，他是最不可能成功的孩子中的"典范"。

令父母和老师们惊讶的是，约翰·阿萨拉夫最终取得了成功。他运用所学到的知识建立了5家价值数百万美元的公司，涉及的行业包括房地产、互联网软件、商业辅导和咨询以及大脑研究。如今，他是"现在行动（Praxis Now）"公司的创始人。该公司开发大脑训练产品，利用最新的循证神经科学成果推动个人发展，实现卓越成长。他利用先进技术和各种支持，使个体和企业实现量子化学习，进而开发出无与伦比的学习方法。

鉴于约翰·阿萨拉夫在大脑复杂性领域的专业知识，他成了大家认识拿破仑·希尔哲学的绝佳案例。

在与约翰·阿萨拉夫面对面的交谈中，他为我们提供了许多与传统思维迥然不同的真知灼见。

作为《思考致富》一书的忠实粉丝和倡导者，约翰·阿萨拉夫表示，在已故拿破仑·希尔的"心想才能事成"的理论之外，还有另一种观点同样值得人们关注。用约翰·阿萨拉夫自己的话说就是"想法在时间的磨砺中变成现实"。在过去的几年中，尽管波折不断，但有关大脑的新发现已经证实了这个观点。随着时间的推移，想法变成模式，模式又变成信念。这些信念驱使我们形成认知，然后付诸行动。

实际上，某个模式重复的次数越多，越容易被我们的大脑回忆，并因此采取相应的行动。拿破仑·希尔谈及这一原则时说："任何反复传递给潜意识的想法和冲动，最后都会被潜意识接受并付诸行动。潜意识会借助最实际的过程将这些冲动转化为事实。"

换句话说，想法重复的次数越多，潜意识就越有可能因此而采取行动，并导致相应的结果。这不仅是一个理论。正如约翰·阿萨拉夫解释的那样，这种说法有科学依据。

"简单说，想法就是大脑中的电流。有史以来，人类第一次摸清了大脑内部的运行情况。因此，获取大脑中的想法确实很重要。"

约翰·阿萨拉夫指出，一旦你学得了新知识，并将其设定为新模式，需要56天才能强化并将其固定下来。于是，新想法就能应运而生。

然而，令人诧异的是，痛苦的想法远比积极的想法容易产生。事实同样证明，3—5个积极想法才能抵消一个消极想法。这意味着消极想法比积极想法对潜意识的影响更大。因此，我们有必要更加了解自身的想法，并有意识地创造出积极想法，以便在生活中产生积极的结果。

人一旦产生了消极想法，就要进行模式转换，将注意力从消极或痛苦的想法中转移到积极的想法中。

例如，小孩子摔了跤，胳膊蹭破了皮，他因为伤口疼痛而啼哭不止。这时，我们可以指着他的鞋子问："嘿，那是你的新鞋子吗？"这样，孩子的注意力就不再集中于受伤这件事情上，而是开始关注自己脚上的鞋子。

当孩子低头看自己的鞋子的时候，他脑子里所想的就不再是受伤这件事，而是他脚上的鞋子。一瞬间，他的思维脱离了受伤这个现实，也就停止了哭泣。这就是模式中断，这会使他暂时忘记刚刚发生的事。

约翰·阿萨拉夫对此做出了如下解释："我们脑海中那些持续不断的想法在大脑中形成了固定模式。思考最多的模式会降低发射阈值。简单说，我们倾向于思考最想要的东西。这种固定模式赋予我们一种能力，使我们更关注最想要的东西。关键在于你思考最多的，到底是你想要的东西还是不想要的东西。"

伴随想法而来的是情绪，我们会根据情绪的好坏决定是否采取行动。对某件事情想得越多，就越有可能对它采取行动。正如拿破仑·希尔几十年前所说的那样，我们在某个想法上倾注的感情越多，这个想法在生活中化为实际行动和现实成果的可能性就越大。

反过来，行动激发想法的机制叫作网状激活系统。约翰·阿萨拉夫对其进行了更加专业的解释：该系统发生于人的丘脑。丘脑是大脑中的过滤系统，负责处理我们看到、闻到、听到、尝到和触摸到的一切信息，并决定我们是否会在它上面投入注意力。

通俗讲，网状激活系统会把人的注意力吸引到他所关注的事情上。不管你在思考想要的东西还是不想要的东西，大脑都会为此分配更多的注意力。简言之，大脑总会精确地找到你的专注点。这种情况每天都在发生，很多时候我们甚至都没有意识到这一点。

你是否有过这样的体验：假如你想买一辆新车。突然，目之所及之处总能看到你想买的那款车。当你开着渴望已久的崭新的红色跑车离开车行，行驶在高速公路上的时候，你会发现到处都是同样闪亮的红色跑车。似乎每个人都拥有了一辆闪亮的红色跑车。这是巧合吗？不是。这些车一直都在那里，只是你之前没有注意到而已，直到你有了关注它们的理由。这就是网状激活系统的运作机制——让你更多地注意到那些你想注意或者想要拥有的东西。

所以说，这是双向的，大脑既能找到你拥有的东西，也能找到你渴望得到的东西。假设你想在家里养一只宠物，经过一番研究，你认为柯利犬最适合你。而且你想养一只柯利犬幼崽儿，这样的话你可以在它还很小的时候就训练它适应你的家庭生活。然而你发现自己并没有听说过哪里有柯利犬，更别说幼崽儿了。突然，一个朋友碰巧告诉你说他亲戚家的柯利犬马上要生幼崽儿……随后，你会发现各种广告似乎也突然都提到了去哪里可以找到柯利犬幼崽儿，就连你的同事也在谈论这个话题。

这也催生了"学生准备好了，老师就会出现"这句话。

换句话说，总有人有能力并有意愿教我们想学的东西。然而，在我们准备好并开始寻找之前，我们并不会注意到它们的存在。除非我们开始寻找，否则它们永远不会出现。

再举一个例子：假设你想成为厨师，而且这个想法和愿望萦绕在你的脑海里很久了。但你不知道附近哪里有教授烹饪的机构，而且过去几个月你都没有听人说起过。然而，就在你寻找烹饪老师的时候，你突然从电子邮件、互联网或闲聊中得到很多线索。现在你不仅有了线索，还有了不同的选择。学生准备好了，老师就会出现。

接下来，让我们解释一下这个理论，并将其提升到另一个层次。想象一下，你正在苦苦寻找一个工作机会或商业机遇。起初，前景似乎很渺茫。经济低迷之际，你认识的每个人都很难找到新工作。你竭尽全力，却没有把握在不久的将来看到转机。然而，你的想法和欲望是真实存在的。即使你没有刻意寻求这些机会，它们也会突然出现。你不仅有机会，而且你发现自己有选择的权利。即使你没有积极地寻找它们，这个想法也会像种子一样在你的大脑里生根发芽，最终变成现实。

在生活中，我们的大脑总在积极地寻找那些我们正在思虑的人、事情和状况，目的是与我们体内的化学／电状态保持一致。我们只会看到并找到那些我们正在思考的东西。

如果我们感到快乐，大脑就会寻找到能给我们带来更多快乐的东西。

如果我们觉得生气，大脑就肯定会找到更多让我们更加愤怒的事情。所以说，人会对自己的情绪上瘾，即便是我们不喜欢的情绪。越是重复一种模式，无论它是好是坏，是快乐还是悲伤，我们就越容易沉湎于其中。接着大脑就会寻找与这种情绪相匹配的某个人、某个地方或某种情景。

有一种简单的方法可以解释这个过程，想象一下你的车里、家里或办公室里有一台收音机。一般来说，无论何时无线电收音机都能循环播放各种音乐：乡村、摇滚、嘻哈，甚至是节奏蓝调。只要将收音机调到想要的频道，我们即刻就能听到美妙的曲调。

把你的大脑想象成一台收音机。你会把它调到什么频道呢？

无论是风花雪月、商业交易、财富、名声、悲伤、健康、疾病，抑或是愤怒，你的大脑都会找到更多相似的东西。那些我们所理解或与之共鸣的事物，都是被我们吸引并纳入我们生活中的事物。不论是积极的还是消极的，我们越是理解自身的想法，就越会寻找和发现它。大脑不会加以区分。这就解释了为什么有些人似乎好运常伴，而有些人厄运连连；为什么有些人似乎总是遭遇戏剧性的事件，而有些人则总是赚得盆满钵满；为什么有些人总是派对和聚会上的主角，而有些人无论在哪儿都会遇到麻烦。实际上，我们生活中的每一种情况都可以用这种哲学来总结。

当我们陷入贫困、遭遇戏剧性事件或者否定自我的时候，会发生什么？我们实际上处于一个叫作"重复强迫"的过程中，被迫一次又一次地重复这种模式。大脑中的想法会在我们的生活中产生类似的结果，即便这些结果并不是我们希望看到的，因为想法随着时间的推移慢慢地变成了现实。扭转或改变结果的唯一方法是改变我们的想法。如果被困在消极情绪中无法自拔，我们需要做的是打断这种思维模式，停止消极情绪，转而用积极的情绪代替它。要想拥有不一样的人生，就必须打破不想要的循环，用我们确实想要的或能激励我们的东西来代替它。

要做到这一点，约翰·阿萨拉夫建议我们实施"4R 模式中断系统"。

1. 认识（recognition）。察觉。在改变想法或思维模式之前，你要先认识自己当前的想法。你的思维模式是什么，它让你远离人生目标，还是接近这个目标？

2. 重塑（reframe）。思维模式中断。一旦意识到某种特定的思维模式，你就可以把注意力或者想法转移到其他地方，以此来改变这种思维模式。还有一个方法是赋予这种思维模式新的含义。你可以通过在现有的想法或模式上加几个词的方法来重塑它。例如，当"我总是很伤心"成为一种模式的时候，简单地在这种想法上加几个词就可以重塑它。这个想法于是就变成了："我总是很伤心，但我选择快乐。"

3. **释放（release）。放下对你不利的模式。**下定决心释放心中的想法和情绪。我们多年建立起来的思维模式成了我们的习惯。然而它们往往是不利于我们成长的陈旧的想法和情绪。我们需要认识这些陈旧的想法和情绪，并努力释放它们。只有这样我们才能用与目前想要的东西相一致的模式来取代它们。心想才能事成，拿破仑·希尔此话不假。人唯一能控制的是自己的想法。

4. **重新训练（retrain）。重塑大脑，形成新的模式。**想法变成了我们习惯性重复的模式，因此我们必须有意识、有目的地用新的模式重新训练大脑。每天一小步，你就可以发展出不同的思维模式。因此，为了重塑大脑并使其专注于我们想要得到的东西，我们必须每天重复，以便累积微小的进步。

一步一个脚印

俗话说得好："怎样才能吃下一整头鲸？一口一口地吃。"同样，思维模式也不是一夜之间形成的，往往需要花费几个月，甚至几年的时间。当然，改变思维模式也需要时间。不过，首先你要知道自己想要什么，而且要判断出自己的想法是朝向还是偏离这个愿望。随着时间的推移，想法会变成结果。如果你不喜欢某种结果，你必须先改变想法。

取得进步的关键在于有采取行动的意愿。

正如人们常说的那样，千里之行始于足下。我们迈出的第一步通常是最重要的一步。就像想法一样，随着时间的推移，重复的行动会产生预期的结果。但是，如果不迈出第一步，你就会陷入循环之中无法自拔。

这当然需要时间。生活中大多数有价值的事情都需要花费时间和注意力。请记住，你现在的想法需要时间沉淀才能变成习惯，创造新的思维模式自然也需要付出时间成本。正如约翰·阿萨拉夫所说，如果每天都取得小小的进步，最终一定能发生实质性的变化。

与约翰·阿萨拉夫交谈时，我们请他提供一幅帮大家尽快实施"4R模式"的蓝图。他为我们展示了一个人人都可以遵循的简化分步流程：

"无论针对什么事情，认清自己当前的状态可以帮你变得更好。你在健康、财富、商业、学术或任何其他领域的水平如何？"首先你要判断出自己的水平，即约翰·阿萨拉夫所说的找到你的"正北方（true north）"。"为了提高层次，你需要重塑大脑并专注于此。放弃过去的想法、情绪和行为，训练大脑形成新的想法、情绪和行为。"

我们做不到这一点是因为我们安于现状，满足于当前的生活状态。根据拿破仑·希尔的分析，这可能是因为我们习惯于长期以来所达到的水平以及伴随而来的情绪和感受，我们对此感到满足。拿破仑·希尔把这比作人们对某种犯罪行为的逐渐接受。用一位著名犯罪学家的话说："第一次接触某种犯罪行为，人们都会憎恶它；但如果长期面对这种犯罪行为，人们就会习惯并忍受它；如果一直面对这种犯罪行为，最终人会接受这种犯罪行为并受到这种行为的影响。"

约翰·阿萨拉夫对这一点进行了更加深入的分析。他认为，采取必要的步骤创造变化的关键在于我们是否对想要的东西感兴趣，或是否愿意全身心地投入。这二者存在区别。"如果你全身心地投入，你就会不惜一切代价去实现愿望。我们面临的考验在于为达成新目标做出必要的改变。大脑就像房间里的恒温器，使我们总是处于舒适的温度中。为了走出这个舒适区，我们必须重新设定恒温器，提高我们感到舒适的层次。"根据约翰的说法，这可以分步骤实现，每天只需花上 5 分钟。换句话说，我们不一定要付出很大的努力，但是每天按照新想法重复实践，随着时间的推移，其结果会十分惊人。

不论是积累财富还是保持健康，只要我们足够专注，目标就可以实现。约翰继续解释想法在我们大脑中所发挥的作用。"每当我们有一个新想法，就会有一个电信号发出。身体里的每一个细胞都能感受到这个电信号。紧接着，我们的体内会释放出一种化学物质。如果你想的是生病、不健康或身材走样，你的身体就会产生更多相关的化学物质。我们需要非常清楚地认识到，人的想法真的会带来巨大的改变。"

"感悟所思，思考所感。你的想法和 / 或感受会变成你的思维模式。随着时间的推移，你重复做的任何事情都会形成一种模式。你到底是在重复思考不想要的东西，还是超越这种模式，思考你想要的东西，并朝着这个方向迈出第一步？你首先需要识别旧的思维模式并使其发生转换。"

我们需要时刻认清自己的想法和因此产生的感受，因为我们想要的东西总在不断变化。在人生的某个阶段，我们可能更加注重成功或家庭，而在另一个阶段我们变得更注重健康。因此，大脑对我们需求的认识，决定了我们会产生什么样的想法和由此带来的结果。

约翰·阿萨拉夫20多岁的时候就开始按照自己的想法创造想要的生活。他的思维模式使他在不同的行业里都获得了成功，做到了心想事成。他十分了解大脑的运转机制，也深谙当大脑中形成了想法之后，人们该做出何种反应。

学习了拿破仑·希尔和约翰·阿萨拉夫等专家的理论，我们明白了大脑不仅仅是一个储存知识的学习容器。两位著名思想领袖的哲学和科学研究证明，大脑不仅能接受想法，还能自动对想法做出反应。这个过程不需要我们采取行动或发出指令。无论我们是否参与，它都会发生。在这个过程中，我们唯一能做的就是控制自己给大脑提供哪些想法。一旦我们做好控制，就可以引导大脑产生更多我们想要的东西，减少我们不想要的东西。

约翰·阿萨拉夫支持并强调了拿破仑·希尔在1937年分享给我们的原则。他利用这些原则取得了成功，之后更是锲而不舍地推动研究，以便证明这些原则的正确性。如今，约翰·阿萨拉夫利用他的哲学，正与那些带给他快乐的人和事相处，正在生活中创造更多的成就。

约翰·阿萨拉夫的新口号是："多做你喜欢做的事，少做令你难受的事，不做你讨厌的事。"

为了做到这一点，约翰正在实践着他教给我们的原则，以积极的态度专注于自己的愿望。这是一种值得我们仔细思考的哲学。约翰·阿萨拉夫明白，随着时间的推移，想法辅之以情绪，他的想法、他的目标，一定会变成他想要的现实。他已经迈出了第一步，他已经在大脑中种下了想法的种子，只需每天专心浇灌，想法必将结出累累硕果。

心想才能事成，你想要的是什么呢？

第二章

找准目标与方向

知悉你的真实期盼并设定目标，这将促使你采取行动。

随着时间的推移，你心中所想开始变成"事实"，进而不断地影响你的日常生活。认准了自己的真实期盼之后，利用大脑中的想法就能产生事半功倍的效果。你可以设定具体的战略性目标，并全神贯注地予以落实。还有一种哲学认为，如果你有了目标，目标将推着你去采取行动。一旦设定了目标，你就要将它当作"事实"，将其视为通过某种方式能最终实现的东西。

本章我们将重点讨论这一观点：你的注意力在哪里，你一天的精力就会花费在哪里，经过日积月累，它将决定你的人生。如果你清楚地知道自己的期盼所在并为此设定了目标，那就坚持不懈地去实现目标吧。你一定能看到你梦寐以求的生活在你面前徐徐展开。

有个寓言讲的是一位老人的故事。他做了一辈子乞丐，整天坐在路边一个破旧的小橡木箱子上等待陌生人走过来同情他的遭遇并施舍些许金钱给他。从记事起，这个乞丐就带着他仅有的两样东西——一条忠实的狗和一个小橡木箱子——在乡下四处游荡，讨点零钱花，讨点剩饭剩菜充饥。有一天，他沿路乞讨来到一个不知道叫什么名字的小镇。又饿又累的他对这个世界充满了怨恨。

看到一个陌生人走过来，这个乞丐伸出手，像往常一样没精打采地想要乞讨点零钱。"能给我几个硬币吗？"乞丐疲惫地问。陌生人在老人面前停了下来，上下打量着他。这个人没有直接给他钱，而是说："我说不准真有一两美元零钱，但你的那个箱子里装着什么呢？"他指着乞丐坐着的那个旧木头箱子饶有兴趣地问。老乞丐很惊讶于这个陌生人会对此感兴趣，他回答道："陌生人，这个破箱子里什么东西也没有。只不过坐在箱子上面我可以离地高出几英寸罢了，我这辈子一直把它带在身边。你可以给我一美元吗？"

那个陌生人还是没有给他钱，再次指着那个旧橡木箱子问："你的箱子里到底装着什么东西？"这次他的音量比之前高了一些，语气也更加强硬。老乞丐激动地向陌生人重申："箱子里什么也没有，如果你不打算给我点什么，就赶快走吧。"陌生人对乞丐的回答无动于衷，他再次对老人说："你必须打开箱子看一看，否则我还要再问一遍。""好吧。"乞丐回答。他认为摆脱面前这个人的唯一办法就是打开箱子让他看一下，让他知道箱子里什么东西也没有。

他扶着木箱疲惫地站直身子，摸索着箱子上生了锈的铁扣。他用石头砸了几下，铁扣松动了，乞丐拉起盖子，铰链嘎吱作响，盖子终于砰的一声打开了。他惊讶地发现，箱子里装满了金币。这个乞丐所需要的东西一直都在那个箱子里，陪伴他渡过了每一次困境。几十年来，风餐露宿，金子一直都与他在一起。

很快你就会知道，富足生活就在那里，过上富足生活所需要的一切也是如此。你已经拥有了创造梦想生活所需要的一切。老乞丐有一箱金子，你也拥有创造成功、幸福和有意义的生活所需要的一切工具。我们所生活的这个世界充满了噪声，充满了让我们分心的事物。摆在你面前最困难的任务是成为你脑子里各种想法的主人，学会让这个嘈杂的世界安静下来，转而去关注你脑子里那些如黄金般宝贵的想法。这就是神奇之处——你的激情、目标和梦想就在你的心中，要获取它们，你必须认识到它们的存在。正如约翰·阿萨拉夫向我们解释的那样，你的头脑就是一台收音机，你必须知道自己到底想要接收什么样的想法。

你真正的期盼是什么？只有知道了这一点，你才能通过设定目标来实现它。设定目标是第一步，但仅设定目标是不够的。设定目标不是终点，一切才刚开始。设定目标只是惊喜之旅的起点。一旦你致力于实现目标，就会有一种神奇的东西注入你的生活，一些与你的目标相匹配的东西会与之一起发挥作用，帮你把心中所想变成现实。这种神奇的东西就是信念（faith），它正在昼夜不息地帮助你走向你想要的生活。

拿破仑·希尔谈及信念时，仿佛它是一种你可以伸手就能抓住的东西。它如此明确、如此真实、如此重要，希尔把它作为成功法则的一部分，而且在《思考致富》中用了很大的篇幅谈论信念的重要性。希尔指出："信念是永恒的灵丹妙药，它赋予所有强烈的想法以生命、力量和行动。"

借助信念，目标坚定的人能够将想法变成现实，而在旁观者看来，他们创造了奇迹。事实上是这些人对自己的目标和愿景充满了信念，这促使他们大获全胜。他们就像炼金术士一样，将想法（粗金属）变成了现实（纯黄金）。充满信念的他们可以实现任何目标。若实践着同样的原则，你也可以做到。如果你愿意花时间认识自己的信念，并积极思考它的存在，信念将为你的想法注入活力，赋予未竟之事以力量。

信念的神奇之处在于你不用花费一分一毫即可获得。一旦拥有了某种信念，它就可以随着你的心愿变得无比强大。你之所以是你，是因为你大脑中的想法，而你的想法决定了你的目标。信念与这些目标相结合决定了你的成果。控制你的想法，注入你的信念，然后采取行动，你就能成为生活的主人。你要有意识地过自己想要的生活并实现自己的目标。

接下来我们要介绍的是丽莎·科普兰。她就是带着目标努力生活的榜样。丽莎身处一个由男性主导的行业，但她是将菲亚特（FIAT）汽车引入美国市场的关键人物。拥有超过 25 年成功经验的她是汽车销售和品牌战略领域的先驱。2015 年，她被《美国汽车新闻》评为"美国汽车产业百位女性"之一。丽莎开拓人生的经历为所有的女性赋予能量，鼓励她们追求自己的成功。在此过程中，丽莎成功地实现了自己的目标。

2016 年，丽莎出售了让她获得殊荣的汽车销售公司，转而追求内心的激情和目标，开始领导其他致力于企业转型、建立世界级组织、管理和销售团队合作的人。"少一些畏惧（fear less）"和"不断击碎它（keep crushing it）"是她生活和工作的格言。我们问丽莎"不断击碎它"中的"它"指什么，她告诉我们，这个"它"就是会阻碍人类进步和事业发展的"平庸（mediocrity）"。

"围绕在你身边的平庸之辈会阻碍你事业的发展。人们接受现状，不愿意让自己达到更高的水平。你生命中的故事是临终前你所能留下的生命遗产，大多数人被动接受过去所发生的一切，从来不敢尝试动手改变自己的生命遗产。"

丽莎已经写就令人赞叹的人生遗产。她创建了购车网站，致力于为女性消费者赋能。2012年，她被得克萨斯州中部女童军（Girl Scouts Central Texas）誉为"杰出女性"。同年，她被《奥斯汀商业杂志》评为"奥斯汀最有影响力的五位女性"之一。丽莎所处行业由男性主导，但丽莎和她的团队在一个月内销售了100多辆全新的FIAT 500汽车，成为第一个刷新菲亚特汽车在北美自由贸易区销量的零售商。这一出色的业绩促使菲亚特克莱斯勒汽车公司（FCA）主席马尔乔内·塞尔吉奥亲自探访了丽莎和她的团队，也为她赢得了公司的最高荣誉——"沃尔特·P.克莱斯勒销售和服务卓越奖"。但这一非凡成就的取得并非偶然。丽莎设定了目标，计划与她的团队一起采取行动来打破纪录。

马尔乔内先生是丽莎在事业上的偶像。2010年，当她听了马尔乔内在奥兰多经销商大会上所做的"一诺千金（A Promise for a Promise）"的主题演讲后，她明白她不仅想在汽车销售领域取得成功，而且想在这个行业里留下永恒的印迹。马尔乔内先生日复一日地践行"一诺千金"的理念，拯救克莱斯勒公司于水火之中。这一理念简单、直接、利落，而且是一种"相信每个人都能赢，每个人都有责任"的商业哲学。"一诺千金"这个理念也成了丽莎每天奋斗的动力源泉。马尔乔内先生于 2018 年 7 月因病去世，但他的生命遗产通过丽莎和整个汽车行业得以传承。

丽莎杰出的职业生涯令人赞叹，其特别之处更在于她打破了众所周知的许多女性遭遇过却无法打破的限制。

"男性俱乐部一直试图将妇女、少数族裔和千禧一代排除在卡车和越野车之外。我们打破了以前的销售纪录，因为每个人都欣赏我们的故事，并支持我们的行动。"丽莎解释道。

丽莎提醒我们，这并非她一己之力的成果，她认为成功的原因是她有意接触到了那些水平更高的人——那些不愿意满足于平庸现状的人。

她说："所有的人都在与平庸做斗争。平庸是人生的一部分，你必须努力才能将其与自己剥离。"

我们请丽莎告诉大家击碎平庸的秘诀，她与我们分享了她成功的公式：

人（people）+ 目标（purpose）= 收益（profit）

"一旦你拥有了合适的伙伴和正确的目标，利润与收益就会滚滚而来。人们都有赚钱的目标，但往往禁不住长期的考验。"她解释道，"一旦你组建起一个拥有更高目标的团队，你就能吸引更多与你志同道合的人，吸引那些愿意和你一起并肩作战的人，同时能甄别出哪些人不能或不愿与你同行。被你吸引的这些人相信你设定的目标。"

的确很有道理。但我们很好奇究竟如何做才能找准自己的目标，并找到志同道合的同路人。丽莎告诉我们，只需简单地询问并诚实地回答以下几个问题。

· 你"更高"的目标是什么？

· 你想成为什么样的人？是成功，还是比成功更伟大的事情？

· 你希望自己身边有什么样的人？

"孜孜以求，方能找到人生的真正目标。为此，你必须尝试很多不同的事情。"丽莎告诉我们，"我演讲的时候总会问听众一个问题：你认为自己所做的事情重要吗？"

她继续解释说，其实每一份工作都很重要，但不是每个人都觉得他们所做的工作真正重要。"在贸易行业，给货箱封口的人和打开箱子的人同等重要。你做的事情很重要。如果没有这种感觉的话，你最好去做些别的工作。"

丽莎认为，生活中的平庸之辈不相信自己做的事情是重要的，因此不会全力以赴，不会为自己的目标努力奋斗。

全力以赴是成功的关键。

"我管理的年轻销售团队打破了世界纪录。我们当时在得克萨斯州销售微型车，但那个地区恰恰是卡车和越野车的天下。大家都认为我们的车肯定卖不出去，更没人敢说想打破世界销售纪录。但我做到了。我甚至和媒体打了个赌，说我们一定能做到。"

丽莎的目标是和汽车行业最有影响力的人——马尔乔内·塞尔吉奥见面。她告诉整个团队，打破世界纪录和见到马尔乔内先生都将改变他们的生活和事业；菲亚特克莱斯勒汽车集团的其他销售团队都很平庸，唯独丽莎的团队卓尔不群。团队的目标推着他们勇往直前。

"董事会主席乘坐湾流喷气飞机来看望我们时也大为吃惊。这个年轻的团队不仅实现了只有资深销售行家才能做到的事，而且做得比行家们更出色！整个汽车行业都陷入了平庸，而我们却能打破僵局。"

她把这种粉碎平庸的能力归功于拥有目标。"所有与我做生意的成功人士都知道他们的目标何在。他们明白当下行为的动机，而且也相信这个动机无比重要。那些不明白这个道理的人却还在挣扎。他们可能会有些许成就，但不会取得惊人的成功。"

如今，丽莎·科普兰仍在继续前进。在《粉碎平庸》

（*Crushing Mediocrity*）一书中她分享了克服恐惧和超越平庸的经验，该书由她与"粉碎平庸研究院"（Crushing It Academy）的联合创始人查理·布拉沃、航空顾问公司首席执行官雷内·班格斯多夫共同撰写。作为一个国际主题演讲者和获得诸多奖项的销售战略家，丽莎追寻着自己的目标，也清楚地知道自己所行之事的重要性。除了分享自己的经验，丽莎还是拿破仑·希尔著作的忠实粉丝。她在《思考致富：女性版》（*Think and Grow Rich for Women*）一书中支持和推广为女性赋能的途径。她在《战胜魔鬼》（*Outwitting the Devil*）一书中分享了克服恐惧的方法。

事情永远做不够，完美永远不过时。成功需要更高水平的行动、付出和专注。把你的恐惧置于一边，要敢于去做别人认为不可能做成的事。如果你相信你所做的事情是重要的，你周围也有正确的人相信你的期盼和目标，你就完全有机会改写你的生命遗产。

普通人得到普通的结果。要想到达顶峰，你绝不能让平庸拖住你的后腿，要不断地击碎它。

"说起来容易，做起来难。"这句话绝对有其道理。伴随着我们的每一次尝试，遭遇几次失败或挫折在所难免，因为设定目标和实现目标的过程并不简单。若真是那么简单，那么每个人都能取得巨大的成功，每天都能实现自己的目标，甚至早晨喝杯咖啡就可以征服全世界。在开始的时候就搞清楚你到底愿意为成功付出多少努力，这是最终获取成功的关键。在开始实现目标之前，你需清楚地知道每天都要付出努力的重要性，这是实现目标更为现实的方法。再次重申，我们说的是控制自己的思想。

你头脑中的思想是你可以利用的最强大的武器，促使变化发生的最强大的原动力就在你的体内。我们常常错误地认为，我们的老板或者我们的简历掌握着我们的命运。事实上是我们的想法决定了我们的命运、进步和成长。就像那个老乞丐打开他那装满黄金的箱子之后才发现，他所需要的一切就在那里。一旦你打开视野并掌控自己的想法，你会发现你的原动力早已在那里，根本不需要浪费宝贵的时间，满世界寻找早已蕴藏于你体内的答案。

你一旦知悉想法和观念的真正力量，就会更加留意每天应该在哪些地方倾注你的注意力。每天你的头脑中会不断闪现很多想法，这些想法塑造着你的现实生活。放弃某个想法比接受某个想法容易得多。最轻松的方法往往阻碍更小，放弃想法也会更容易实现。很多时候，我们会发现自己忽略了一些总是萦绕在头脑中的想法，最终选择了阻碍更小的想法。

我们置身在一个繁忙而嘈杂的世界中，时时都有人提

醒我们要深思熟虑，要谨慎行事，这有助于我们把注意力
放在那些需要关注的地方。否则，最终我们会偏离轨道，
会放弃那些强大而重要的想法，从而不能朝着梦想前进。
当我们放任不重要的事物和想法蒙蔽大脑时，生活就会变
得无足轻重，甚至我们自己也会变成平庸之辈。因为不采
取刻意的行动，我们就会在平庸的不归路上徘徊。丽莎清
楚地知道她的目标，专注并深信自己可以实现目标，而且
实现目标可以为达成最终的成就奠定基础。丽莎一步步地
为团队赋能，最终打破了世界销售纪录。

　　通过仔细思考自己的想法，你就能在追求梦想和目标
的过程中保持积极的状态。但每天心存疑虑又会让你裹足
不前，编造层出不穷的借口掩饰没能实现目标的事实。你
必须相信自己正在做的和将要做的事。宇宙存在的意义就
是为你的追寻提供力量。如果你一直心存疑虑，全部的精
力都花在疑虑上，那么宇宙就会感应到你的疑虑，并因此
导致更多的疑虑。

　　宇宙以引力为基础，所以你想要什么你就能得到什么。
假设在酒吧里，你告诉侍酒师说你不想用梅洛葡萄酿的酒
也不想用黑皮诺葡萄酿的酒，你还说不喜欢法国瓦尔地区
产的葡萄酒，不喜欢喝半甜的葡萄酒，也很讨厌太干烈的
葡萄酒。当你告诉他们的都是你不想要的东西，他们怎么

可能给你拿来你喜欢的东西？整个宇宙也是一样：如果你沉浸在疑虑之中，那只会导致更多的疑虑。宇宙与你的思绪保持一致，为你所持有的观念提供完美的匹配物。

你周围的世界——你所看到并置身于其中的世界——直接反映了你的想法和你每天所关注的焦点。专注于积极的想法，你会发现自己也变得积极；专注于消极的想法，你会发现自己也陷入无限的困惑，甚至不知道生活为什么会如此糟糕。你的生活状况总能反映你的思想。

假设你最近感到非常孤独，想寻找一个人生伴侣，不想再延续这种形单影只的生活。但你大部分时间里还是想要独处，如此一来，只好继续单身下去。我们也不必为此过分自责。要知道，纠结于我们不想要的东西是再自然不过的事，它只是一个简单的反应而已，但我们必须学会策划和安排。如果你种了满园子的雏菊，你会只给杂草浇水又期待雏菊绽放吗？是时候做出改变了。控制你的想法，专注于你想要的东西。养成这种习惯将为你厘清目标提供巨大的支持。

你若心有所求，宇宙定会使你满足。

我们把这种方法论比作破坏性振动和建设性振动。你的想法是非常真实的东西。正如身体是由微小的脉冲原子和能量组成一样，想法也是由能量物质组成。你的想法存在着某种非物理层面的振动，表现为快乐或恐惧，贫穷或繁荣，健康或疾病。你所探索的道路将展现你的期待，也展现你正在寻找的事物。宇宙以能量作为互动的途径。

你脑海中思维的振动集中在有和无之间，这决定了宇宙会为你提供什么。正是通过这种振动，你才把业务和订单放在首要的位置上。如果你也认可想法可以控制命运的话，那么你将身处一个独特的位置上，可以实现你设定的任何梦想。凭借着专注、决心和信念，你就能把世界踩在脚下。丽莎和她的团队打破了世界销售纪录，不是因为他们想着这件事有多难。他们打破纪录的秘诀在于专心实现目标、积极采取行动，并且一心一意地去践行。

具体的目标为我们提供了走出舒适区的机会，并真正推动着我们去做一些以前从未做过的事情。如果你有一个目标，而且你对这个目标很有信心，你肯定会受到激励并采取行动。丽莎和她的团队专注于打破销售纪录，最终他们做到了。

设定目标，并结合想法将其变成现实，这是一个创造性的过程。你正在用你的想法创造现实，而这些现实在你形成想法之前并没有存在于你的生活中。巩固目标，设定接下来要采取的步骤可以帮助你掌握未来的生活方向，与此同时你会收获成长。设定好目标，在信念的巨大作用下，实现目标的步骤要以一种非常清晰和十分简洁的方式呈现出来。

目标确立后，关键要辅之以坚定不移的信念。要知道宇宙也会帮你实现愿望。每天都要相信这一真理。从第一天开始，每天都让自己的愿望奔腾。不要指望第一天坚定地实施了自己的信念，第二天就能看到想要的结果。

以后的每一天，你都需要有意识地增强对目标的信念，每一天都要满怀梦想成真的强烈愿望。毅力（perseverance）是你成功的必要条件，也是实现目标的秘诀之一。如何保持专注和信念的"毅力计划表"，绝对是设定目标的一部分。因为在最终实现目标之前，你的兴奋程度肯定会有起伏和变化。

你只需开始便是了。你想做的到底是什么？你的梦想到底是什么？就从现在开始吧。心想才能事成。如果开始的过程看上去过于复杂，那一定是因为你把它过度复杂化了。开始是简单的。如果你的目标和期盼紧密相连，那就这么确定下来，相信它，它将推动你采取更多的行动。

你是否想过为何这种思考方式被称为"信念的跳跃"？没有任何经验可以证明信念跳跃之后会收获什么，没有8号魔力球，也没有望远镜能告诉你脚下的道路可能通往何处。想象一下，你站在河岸边，树木和杂草遮挡住了你的视线，你看不到河的对岸有什么，但你梦想能蹚过这条河，

最终抵达河的对岸。你清楚地知道，河水汹涌，暗流随时
会带来危险，但是为了到达对岸，你甘愿冒险一试。因为
你相信你可以做到。所以，要实现"信念的跳跃"，你就
必须对自己的能力充满信心。

在实现这种跳跃之前，你必须每天都想象着自己已经
到了河的另一边。相信自己，专注于实现这个目标。积累
力量，让自己在湍急的水流中稳步前进。你已经确定了过
河的目标，现在实现这个目标的步骤也逐渐清晰起来。越
是专注于目标，你就越能看到需要采取哪些步骤来实现它。
越是对将要完成的目标有信心，你就越有可能实现它。就
是这个道理。

这个道理似乎不值一提，但这就是将梦想变成现实的
方式。**你要开始行动。**控制自己的想法。先要勾勒出到达
河对岸的想法，梦想才能成真。对自己的想法充满信念，
然后采取行动。刚开始的第一次跳跃可能很可怕，因为这
完全是基于你自己的信念。第一次尝试你很可能无法实现
目标。但你知道，你最终会到达那里，因为你对自己的能
力有信心。所以要迫使自己专注于目标，并且尽一切努力
去实现它。

每走一步，你都会更加清楚下一步该怎么走。只有到
达了河对岸，你才会意识到这段旅程是怎样的一场冒险。

　　你会感受到依循自己的想法来完成一些事情意味着什么。当你专注于自己的想法，并勇敢地向宇宙索求你真正想要的东西的时候，你会意识到你的想法对周围世界充满了影响力。

　　在你的周围，很多你无法控制的事情正在不断发生。而你的想法受你的控制，会对你的日常生活产生最大的影响。有时，选择不控制想法可能更容易，这样你就不会感受到自己的义务和责任。正如我们在前面提到的那样，被动接受比主动控制更简单。我们可以不去走那条少有人走的路，也可以有意识地选择什么路也不走，但这绝不是通往财富的路。

　　如果你想实现某个目标，就必须首先相信自己能做到，你不能被动地接受可能的结局。在决定到底何时结束努力的过程中，你要发挥积极的作用。没有付出努力的每一天，都相当于你默认了自己的梦想不值得努力。你的能力是无限的，没有人能够真正阻止你，采取积极行动实现目标的责任完全落在你的肩上。你将利用自己的一生做些什么？关于这个问题你必须有所抉择。当你在生活中被动接受时，你就放弃了梦想。就是这个道理。

　　这也是恐惧想要从你生命中夺走的东西。恐惧想要夺走你的梦想和激情，想控制你的想法，想让你变得被动，让你不敢选择自己的道路，因为失败的风险是那么可怕。除非你默认自己的失败，否则失败实际上并不存在。无论结果是否如你所愿，每一次经历都是你学有所得并获得成长的机会。不管过去的经历或当前的期望是什么，在面对恐惧的时候，你要完全相信自己的能力。你的"信念跳跃"必须足够强烈，强烈到面对恐惧时你总能这样回应："我能实现这个目标。我对自己的能力有信心。"

永远不要给中途放弃或承认失败的想法助威。

你要从脑海中抹掉任何消极的想法，用"是""成功"和"胜利"，取代"不""不能"和"从不"的想法。你要每天都想象着自己可以实现梦想。专注于如何一步一步地摧毁消极的想法，直到前进的道路在脑海中变得清晰明了。

我们从约翰·阿萨拉夫那里学到：通过使用模式中断的方法，用积极情绪取代恐惧。如果你能够把恐惧放在一边，用一些积极的东西代替它，为你的梦想服务，而不是让自己停滞不前，那么你就会开始养成专注于梦想的习惯，进而知道自己真正想要实现的到底是什么。自此以后，你就可以完成任何事情。

对自己的故事、生活和成就有了想法以后，这些想法时刻准备着转化为新的现实。你会选择给这些想法以生命吗？你是否已经准备好，并且有足够的勇气对你的目标充满信念，让它们成为你的现实呢？

如果你的答案是一个响亮的 "是"！那么以下就是你接下来要做的事：

1. 确定真正的期盼。在开始设定目标之前，你需要知道你最终到底想去何方？以及你想在这条路上成就什么？

2. 选择目标。你想实现什么？你到底想要什么？……把你的目标写在一张纸上，并一直带在身边。每天早晚拿出来翻看，确保你的注意力始终在正确的位置上。当你接近实现自己的期盼时，你可以更新目标，以便了解自己在梦想的生活中达到了什么水平。

3. 确定战略。你必须设定具体而明确的最后期限。如何利用你迄今所学的知识来实现这一目标？如何让你的想法为你服务，而不是与你作对？列出你认为需要采取的每一个步骤，根据需要更新你的策略，因为你与目标一起成长。

4. 采取行动。根据你的战略，今天做什么能让你更接近实现目标？罗马城不是一天之内建成的，你也不可能在一天之内创造你梦想中的生活。不必要求一下子都做完，只要踏出第一步就好。如果你每天留出一个小时，哪怕只有 20 分钟，那么在一年之中，你也能在你的梦想上花费相当可观的时间。

5.**善用信念**。无论境遇是好是坏，你都要不断地增添信念的力量。你必须相信自己能完成既定的目标，否则你永远也实现不了。就是这么简单。随着时间的推移，你必须时时刻刻善用信念。你要持续不断地相信自己，相信生活的方向。

6.**重复**。明天又是新的一天。每一天都要专注于创造出有助于实现梦想的想法。保持鲜活的欲望，让它就像执行计划的第一天时那样鲜活。重复是关键。

将信念投射到你的期盼、目标和你自己身上，你就一定能实现梦想。你要相信自己能做到，甚至在你搞清楚如何实现梦想之前，你就要有这种坚定的信念。

唯一能限制我们的障碍都是我们自己设下的，宇宙并没有限制你，更没有限制你去实现梦想。宇宙正在静静地等待着你采取行动。

你做好开始的准备了吗？你准备继续"粉碎平庸"吗？

第三章

克服重重障碍

学会学习与学会赚钱非常相似。

是什么在阻碍我们真正做到"粉碎平庸"？在生活中，我们都有不适应或苦苦挣扎的领域——有些人害怕公开演讲，有些人苦于数字和计算，有些人因为生活贫困或缺乏机会和教育，一出生就陷入挣扎。这些障碍可能难以克服，过往的经历变成了负担，留给我们某些陈旧的想法。有时即使竭尽全力，这些包袱和想法依然会拖累我们。

我们正处于一个极端的时代。一些家庭享受着财富和资源，有机会去丰富自己的阅历，而另一些家庭仅仅是养活孩子都需要苦苦挣扎。显然，这将使贫困家庭处于十分不利的处境。糟糕的情况似乎难以改变，最后导致这些障碍从一代人传到下一代。

享有特权并不是什么新鲜事，处于劣势也是如此。为撰写《思考致富》，拿破仑·希尔对这两方都进行了研究。希尔发现了几个克服重大障碍并最终创造成功的对象。希尔提醒我们："要记住，所有在生活中取得成功的人，都有一个糟糕的开始。在他们到达终点之前，无不经历了许多令人心碎的抗争。那些成功者的人生转折点通常出现在某个危机重重的时刻。度过这个艰难的时刻，他们收获了'另一个自我'。"

我们都听说过，一些成功人士在追求成功的过程中克服了巨大的挑战。励志演讲者和畅销书作家莱斯·布朗出身贫寒，年幼的时候是一名多动症儿童，小学和高中时期，他被安排在特殊班接受教育。尽管存在很多劣势，他想尽办法将自己从别人口中的"穷小子"变成了公共演讲、广播电视和政治领域的成功人士。

每一个被认为最有可能成功的人士的对面，可能都有另一个被认为最不可能成功的人，他们就像被分布在光谱的两端。在后者当中，我们发现了一些鼓舞人心的成功企业家。他们克服了重重困难，证明成功并不会因为童年的表现或过去的弱点而不出现。

让我们认识一下布莱恩·西多尔斯基吧。布莱恩是加拿大人，出生在一个贫穷、卑微的家庭，按照他的说法，这是一个有缺陷的家庭。他说自己曾是一个脆弱的孩子。他很可能在小时候就患了糖尿病，只是这病很晚才被诊断出来。他还说，他是个穷学生——非常穷的学生。

开始出现转机是在他 15 岁时。那年他接触到了青年成就联盟，自此他变得热衷于学习如何做生意。布莱恩与我们分享了他的故事：

> 虽然我是一个糟糕的学生，但我读了几百遍《思考致富》这本书。通过学习和应用该书中的原则，我在青年成就联盟的公司中获得了成功。20 岁的时候我开始做二手家具和电器生意。23 岁的时候，我开了一家零售店，售卖家具和电器。很快，这家店就成为加拿大卡尔加里地区最大的电器零售店，每月的营业额超过 100 万美元，雇员超过 25 名。
>
> 这要归功于我在青年成就联盟中所接受的培训。这个组织提倡体验式学习，提倡在实践中学习——这是一种以我能理解的方式进行学习的方法。

布莱恩将成功归因于他拥有明确的目标。在他 30 岁的时候，他已经赚到了人生的第一个 100 万美元。35 岁时，他把零售商店卖给了加拿大最大的零售商。那是 1981 年，当时的银行利率是 22%。即使待在家里什么也不做，布莱恩每年基本上都可以入账 100 万美元。

但他没有那样做，而是重新回到了学校。他先是聘请了一位高中老师来帮助他补习那些困难的科目。他知道自己还没有准备好接受大学教育，而传统的课堂学习从来都不是他的强项。在老师的指导下，他学会了克服学习中的障碍，成为一名值得称赞的学生。他随后进入卡尔加里大学，在那里他意识到，每个人的目标都是获得学位，以便找到工作；但他并不想找工作，他想成为给别人提供工作的人。

入学一年后，布莱恩动手开发可移动房屋公园和购物中心。通过土地开发，他的资产从 500 万美元增长到了 7 亿美元。

布莱恩承认自己是个糟糕的学生，但他充分吸收了他能接受到的每一份教育和知识。如今的他每周都要读 3—5 本书，对于一个不喜欢上学的人来说，这是一个相当大的成就。"我什么书都喜欢读，尤其喜欢哲学和心理学方面的书。同时我也阅读电气和机械手册、建筑、工程、设计，甚至关于艺术和绘画的书籍。我想学习有关世间万物的一切知识。我想成为一个无所不知的人。我一直在寻找新的信息，寻找成功的新秘诀。"

布莱恩正在学习成功的新秘诀，但我们想知道让他获得成功的秘诀是什么。一个学习困难的学生是如何成为狂热的学习者和成绩斐然的企业家的？布莱恩的回答不仅独特，而且非常有见地。

　　要愿意学习如何学习。学会如何学习与学会如何赚钱非常相似。学得越多，我就越清楚地知道自己的无知。越清楚自己的无知，我就越想学习。我不仅想学习，还想运用所学的知识，想看到学习的实际效果。我想继续阅读，去实践所学到的知识。不仅如此，我还想把这些成果传递给其他人。

愿意学习如何学习——这种智慧使布莱恩·西多尔斯基从一个贫穷的学生变成了一个知识渊博的老师。他采取积极的行动，摆脱了童年的贫困，跳出了困住许多聪明年轻人的恶性循环。布莱恩把学习这个他人生的最大弱点变成了他最大的优势。

拿破仑·希尔也同样理解学习的重要性，他说："成功需要不断地获得知识。"**这种知识不一定需要在学校里经历多年的正式学习，以追求一个可以裱起来挂在墙上的学位证书。知识以多种形式呈现在我们面前，包括实训、**

视频、书籍和导师等。因为《思考致富》这本书，拿破仑·希尔成了布莱恩的老师之一，对布莱恩的态度和成功产生了巨大的影响。布莱恩甚至表示，他每读一次这本书就会多赚 100 万美元。

只要我们积极寻找，世界上总有丰富的知识随时供我们使用。选择决定了结果，任何事都是如此。无论我们有何种局限，有什么不利的背景或面临何种不可预见的障碍，我们仍然可以控制结果，因为我们有能力做出不同的选择。

布莱恩本来可以像许多人一样选择辍学或者放弃学习，毕竟他知道自己不是一个出色的学生，也不喜欢上学。但他选择了将这种不足转化为力量。一旦意识到自己有能力改变环境和结果，他就打开了曾经无法开启的大门。

> 我得到的是选择的力量。当我感到绝望，被自我伤害和糟糕的想法折磨时，我听到韦恩·戴尔博士说："你如果能控制自己的想法就能控制自己的感觉。你如果能控制自己的感觉就能控制自己的生活。"在生活中做出选择也是一种能力，这一点很多人不太理解，他们只认为环境和生活会影响他们。其实，更重要的是他们要知道应该选择做出何种反应。

正确的反应是什么？布莱恩说，正确的反应都是积极的。早年间，在生活富裕了以后，他感觉有些不对劲，总想做些什么事情来阻止它。如今，他意识到自己可以一直积极下去，这种态度不需要摁下暂停键。

人总是在寻找并过度关注那些可能出错的地方。有好事的时候，他们总会去揣摩出现坏事的可能性，似乎是在等待不好的事情发生。消极主义使人被动。正如拿破仑·希尔所说："积极的心态会促使人们找到有用的方法；消极的心态则会使人去寻找各种无用的方法。"

借助选择的力量，我们可以决定想要的结果和实现这些结果的手段。每个人在早晨上班前会做出多达十几种选择。但是，我们往往忽视了什么才是可利用的选择，从而大大限制了自身和选择的范围。这种能力不仅仅是选择，而是有意识地研究和探索各种选择，以便为我们的特定需求做出最佳判断。这就是选择的"力量"。运用选择能力，我们可以将结果引向预期的方向。它赋予我们能量，而不是让情况或环境控制我们。

利用知识和选择的力量，布莱恩不仅获得了成功，他还充分吸收了成功的力量。他看书也不只是翻翻而已，他努力吸收知识。给书中重点内容画线，咀嚼书中的内容，一次又一次地重读。新陈代谢是一个重要的词，当你代谢某种东西时，这种东西会进入你的代谢系统。当你消化信息时，它也会成为你和你所做事情的一部分。

自打加入青年成就联盟开始，布莱恩学会了如何学习和消化学到的知识，因此收获了丰富的生活经验。青年成就联盟为布莱恩打开了学习的大门，使他成为兰斯顿股权投资有限公司的创始人和首席执行官。这是一家高利润的房地产企业，业务涉及土地储备、房地产开发、商业购物中心和房车园区物业管理等业务。通过青年成就联盟，布莱恩学到了一个宝贵的经验——生活中，任何人都可以克服逆境，拥有自己想要的一切。要坚定自己的信念，相信自己能够实现梦想，即便是最疯狂的梦想。遭遇障碍和逆境很正常，你将从失败中学到更多的东西，这将是你迈向成功和财富的垫脚石。

布莱恩经历过失败。由于他的家具生意发展得太快，资金不足导致他无法按时向供应商付款。他解释说，针对按时付款的困难，他与供应商一起制订了付款时间表，从而解决了这个问题。他没有任由困难局势控制他，而是采取了积极的态度，重新考虑自己的选择，控制住了局势。布莱恩知道，机会往往被伪装成暂时的失败或不幸。面对每一次挫折，他都将其当作获得和消化知识的机会，从而夺回控制结果的权力。

我们经常听到有人将"我没有选择"这句话当作借口。其实，我们总有选择，而我们能做出的最大选择是有意义地行使选择权。布莱恩选择坚持学习，这对他来说是最困难的事。他认为是青年成就联盟教会了他学习，如今的他也是该联盟董事会的成员。这里是他的垫脚石，也培养了他对学习的兴趣。学习对布莱恩来说是日常选择，是他成功的魔法钥匙。这把钥匙一直都在他身边，但直到他学会了学习，他才得以打开知识的金库，并彻底扭转了自己的人生。

照本宣科的人不是好老师，好老师教会学生学习。

我们都知道"授人以鱼，不如授人以渔"的道理。如果你教会一个人学习，他就能终生受益。不断学习的意愿以及超强的学习能力可以帮助你突破任何障碍。

失败不可避免，关键看你如何面对失败。

有这样一种说法：当事情没有完全按照我们的期望发展时，我们就失败了。当遭遇挫折或失败时，我们觉得不应该再继续下去，于是就缴械投降。这种现象非常常见。

失败不可避免，它是一个人学习和成长过程中不可或缺的一部分。如果没有失败，你的成功看起来就变了味。如果布莱恩在学校没有经历过失败和困难，他就不会成为今天的他。

事实上，我们可以进一步说，在寻找成功的过程中，遭受失败至关重要。如果你学会转换心态，利用挫折来推动自己前进，而不是一遇到挫折就停下脚步，那么你一定能改变自己的生活。当放弃不是你的选项时，你对挫折的看法会发生改变。与其说失败是你人生道路上的终点，不如说它只是一个岔路口，向你展示了选择新路径的可能性，让你在某一刻改变前进的方向。

决定人生的不是遭受失败的那一天，而是遭受失败之后的每一天。

拿破仑·希尔曾说过："任何人在取得成功之前，肯定遭遇过暂时性的失败，甚至是很多次……失败就像一个诡计多端的人，敏锐、犀利且极度狡猾。当成功几乎唾手可得的时候，它非常乐意将你绊倒，让你摔上一跤。"

世上那些成功的人士总会这样告诉你：成功总是出现在经历了很多次失败之后。如果他们遇到失败就投降，任由失败控制他们的生活，他们就永远不会实现梦想。布莱恩家具公司的巨大发展发生在资金不足带来的灾难性后果之后。

失败不可避免，你肯定会遭受失败或经历挫折。但你的生活并不只是关乎你失败的那一天，而是关乎你失败后的几天、几周或者几个月。你如何对待失败和挫折，将决定你人生的轨迹。

看到登山者登顶，你只知道他们成功了，看到他们在欢呼庆祝，为他们来之不易的胜利欢欣鼓舞。但你并没有看到他们为登顶所付出的努力。登山者可以脱口而出告诉你他们到底滑倒过多少次，或者给你讲述他们在登山过程中受了哪些伤、遭遇了哪些困难。

有人认为，别人通往成功的道路是平坦的，没有挫折。这是愚蠢和天真的想法。我们的大脑通过使用这种伎俩，企图使自己相信我们无法应对当前的挑战，从而使投降和放弃合理化。当失败的恐惧控制了你的思维，它会责备说是你自己不够好，说这就是你遭受失败，而其他人却取得成功的原因。事实却是，每个人都会遭受失败和挫折，每个人都会经历挣扎。你对待失败的方式决定了你最终是否能够成功。

没有人可以免于失败。

当你总是以一种非常积极的心态向前看的时候，就不容易对过去所做过的事情或未来想做的事情感到气馁。在不断前进的过程中，每一点进步都会让你意识到每一次成功和失败的重要性，认识到这些经历如何帮助你抵达现在这个水平。

当放弃不是选项时，你对失败的看法也会发生改变。

人类的本能使几乎每个人都对产生负面情绪或情感的事物避而远之。如果你决定面对生活中那些被认为是失败的事情的时候会怎么样呢？如果你认清了挫折，对其有了清晰的认知的时候又会怎么样呢？你将从每一次挫折或失败中尽可能地汲取养分，并利用这些挫折或失败推动你的生活大步向前。

大多数人遭受了重大损失之后都会选择逃避，没人教育我们要把问题暴露给全世界看。大家很容易地认为是"我好倒霉啊"，声称自己是受害者，而不会认真思考到底是什么地方出了问题，进而接受它，从失败中学习并迈向前方。

这背后也有大量的科学依据。大脑的思维过程不是线性和有组织的。从本质上讲，它是一个预测引擎，旨在通过试验和试错来习得知识。我们的大脑已经逐步进化出了预测前景，规避失败，然后再次实践的能力，除非碰到错误才会停止下来。当你以这种方式考虑失败时，就会发现挫折是多么有价值，因为挫折为大脑构建了实现未来成功的功能。简单地说，每一次挫折都会为你带来智慧和知识，你能够在以后的生活中应用这些智慧和知识以避免类似挫折的发生。

我们听过无数个白手起家的故事，这种从失败中学习的过程就是成功背后的原因。当你害怕失败时，你就剥夺了自己通过试验和试错获得成长的机会。就像布莱恩·西多尔斯基一样，如果你认识到了接受失败是学习过程的一部分，你就一定能获得最终的成功。

尝试和失败对最终的成功具有不可估量的价值。

随着每一次尝试和失败，你对所做之事会有更多的理解。一旦你对每次失败或挫折中真正的学习机会有了更深的理解，这种学习模式就会在你的大脑中得到巩固，并应用到你生活的各个领域。当你被告知或被教导时，知识会以不同的方式嵌入并储存在你大脑的不同部分，而通过试验和错误来学习相同的信息，则是一种独特的体验。简言之，你在经历失败或挫折的过程中变得更加聪明。

接纳挫折可以让你的大脑吸取教训，然后继续前进。失败的刺痛会从你的记忆中消失，取而代之的是教训。未被承认的失败往往会在你生活的其他方面继续传播消极情绪，并不断恶化你的生活。

正如拿破仑·希尔所说："每一种逆境，每一个失败，每一次心痛都携带着同等或更大收获的种子。"每一种逆境，每一个失败，每一次心痛都在你的生活中发挥着作用，使你更加接近大奖——大多数人梦寐以求的成功和幸福。

你是否已经准备好了让你的人生旅程变得更加难以忘怀？你是否已经准备好了去寻求这种通透豁达，并迎战各种挫折？

你最近遭遇到的挫折是什么？你如何利用挫折来使自己更接近梦想？以下便是你在面对失败时取得成功的魔法钥匙：

1. **诚实**。生活中最难的事情是对自己诚实。你越是愿意仔细审视自己当下的处境，弄清楚为什么会这样，以及你想要到哪里去，你在应对接下来的挑战中就会表现得越好。

2. **启发**。在生活中，一览无余的通透与豁达能带来很多好处，特别是在应对挫折的时候。与其躲避失败，不如将你正在做的事情摊在阳光下——以至于你可以看清楚并理解所发生之事的每一个方面。生活是最好的老师。从挫折中吸取教训有助于你取得成功。

3. **谈论**。与人谈论自己的错误没什么大不了的。逃避负面情绪是人之常情，你必须努力改变这种情况。与其回避你的负面经历，不如谈论它、学习它，想办法将其变成积极因素。

4. **行动**。你已经知悉了自己的错误所在，就应该调用知识和意识采取下一步行动。你应该总是处在行动的状态中，时刻朝着你的下一个目标迈进。在失败将你击倒的地方，不值得你长久徘徊。

5. **重复**。要立志成为一个善于失败的人，这样你就能从失败中学习，而不是停滞不前。因为每一次经历都能帮助你胜人一筹。如果你根本没有失败过，那就只能说明你没有承担过足够多的风险，你的大脑没有接受过足够多的训练。

当你学会如何将挫折变成完成某些事情的原因时，你的人生就会发生转变。无论我们是感到羞愧、愤怒、尴尬、失望还是崩溃，总之没有人喜欢遇到障碍。这就是你必须继续前进，把障碍变成机遇的原因。到了岔路口，只需改变方向。

失败的感觉很糟糕，谁也不愿意接受。你一生下来就不愿接受羞辱、愤怒，更别说失败了。你一生下来就想要获得成功，想要中头奖。但是，必须经历过失败才能获得成功。只有在失败之后，我们才会意识到自己是多么渴望成功。在得到那些我们孜孜以求的东西之前，我们一步也不愿意后退，更不愿意重新评估自己的处境。只有在失败之后，我们才能获得生活富足所必需的智慧。在此之前，我们无法打好手中的牌。

失败在所难免，它是学习和成长过程中不可或缺的一部分。若没经历过失败，你的成功将是另一番模样。

第四章

找到突破口

必要性是一切发明的源泉。

随着社会的发展，我们越来越需要创造。商业领域的关键是寻找市场空白，努力找出解决方案填补这些未解决的需求。创业者天生就是解决问题的人，企业家们非常渴望为不断变化的经济提供新的解决方案。

社会和经济在不断变化，但有一个事实却不曾改变：必要性是一切发明的源泉。需求未解决的地方存在缺口，等待愿意承担这项任务的人利用好奇心和创造力去填补。约翰·阿什沃斯正是这样的人。他能识别出尚未被解决的缺口，同时想出填补这一缺口的最佳办法，并在年轻的时候就崭露头角。他喜欢打高尔夫球，但讨厌打高尔夫球时的着装。他讨厌高尔夫服饰的情绪很强烈，最终促使他采取行动。

一开始的时候，约翰只是把打高尔夫球当成一种爱好。后来，他作为巡回赛的球童走遍了全国。他喜欢工作中的除了打球需要穿的那些糟糕的衣服以外的一切。约翰从未想过他对着装的关注会塑造他的生活，并成为他获得成功的基础。当时的约翰并没有意识到这些，但他的确发现了高尔夫服装市场上存在已久的一个巨大缺口。他对标准服装的厌恶转变为对解决方案的思考，他的创业精神影响了他的思维过程。

做过几份零工后，约翰开始做采购员，这让他有机会了解当时所有在售的服装系列。他的创业思维过程再次启动。他对市场上出售的运动服又爱又恨，并渐渐在脑海中播下种子：也许他就是解决这个问题的合适人选。他意识到了市场上的缺口。

约翰任职的公司即将倒闭，他开始仔细考虑下一步该怎么走，以及他的人生方向到底是什么。他还很年轻，但他希望选择一条自己热爱的道路，这对他来说确实是一种诱惑，围绕他所喜爱的高尔夫运动意义非凡，但如果不能成为一名高尔夫球员，那又该做什么呢？

在成立阿什沃斯服装公司之前，约翰意识到是时候给这个市场带来一些新产品了。约翰开发出的新颖的高尔夫服装系列,这与之前市场上的任何产品都不同,消费者为之疯狂。在机智的约翰开发出这种服装之前,消费者并没有意识到自己会渴望穿上这种改进过的运动服。约翰觉得现有的服装并不能体现高尔夫运动的精髓。他甚至认为,这些服装削弱了比赛的权威性。在约翰看来,目前所有的东西看起来千篇一律,他渴望添加一些新的元素,体现出这项运动的复杂和优雅,并且给从事这项运动的人带来象征意义。于是,他为球手们开发出了可以自豪地穿上写着自己名字的服装。

为什么有些产品能在消费主义的历史书上留下浓墨重彩的一笔,而另一些产品却只能默默无闻?这背后有什么特别的原因?产品热卖的源头离不开必要性。能满足必要性缺口的企业家,一定能获得成功。最优秀的产品创造者不仅能观察到市场给特定目标受众提供了什么产品,还能看到产品与人们真正需求之间的差异。至关重要的是,能看到现有产品与人们真正需要的产品之间的差异。对于消费者真正想要的产品,热销是因为它们有用且能满足需要。给消费者提供他们不知道自己想要的产品,把它放到消费者的面前,的确是一件神奇的事。

高尔夫运动已经有500多年的发展历史,它的每一次发展都经历了转型。随着时间的推移，已有的东西和消费者想要和需要的东西之间的差距越来越大，毕竟每个市场都会经历变化。发明和设计能够扩大我们的视野，让我们比以往任何时候都发展得更快。通过约翰的案例，我们发现这样做的确能取得不错的结果。

如今的很多创造旨在减少人类的负担，简化生活或使生活更愉快。只有发明这些类别的东西才能获得成功。

有志者事竟成。

困难或资源匮乏似乎总能激发巧妙的解决方案。对某些东西的需求变得极其迫切时，它就会推动你朝着获得或实现解决方案的方向前进。当我们将重心转移到真正实际的需求上，即市场上真正缺少的东西时，这就是我们创新的最佳时机。找到这个缺口，企业家就能朝着这个方向迈进。

最早的高尔夫球是用薄皮革制成的，里面填充了羽毛。到了现代，高尔夫球设计的细致达到了难以置信的程度，甚至连凹痕的数量都是特定的。这在减少震荡的同时，可以让球飞得更远。创新存在于我们能接触到的一切事物中，从打高尔夫时球手所穿的衬衫，到打出的球和支撑球的球座，无一不如此。近乎完美的高尔夫球说明了市场上创新的动力。高尔夫球员希望减少不利条件，这为设计更符合空气动力学的高尔夫球留下了缺口。一个创新设计的新空间出现了，现在整个行业都基于这个独特的缺口而存在。

我们以比以往任何时候都快的速度从事着创新，以应对快速发展的市场。我们不断地认识到，这是一种基于需求缺口而进行的创新。理解这个原则将帮助你加速前进。这个原则依赖于创造性的过程，并将推动你跳出思维的局限。它能帮你解放思想，以一种崭新的思维方式来思考和处理市场的需求。

企业家视激情和目标为人生必做之事，是必须完成的任务，是必须攀登的高峰。所以当我们谈论必要性时，不能只在一个层面谈论它。还有一个重要层面来自企业家本身，即为这个世界，或者至少是一部分人的世界进行创造和奉献。企业家觉得自己必须有所作为。这是一种独特的必要性。这种必要性填补了企业家内心的缺口，创造出了一个有待实现的纯粹目标。

谈到企业家的生活，好奇心是一个重要因素。在填补市场缺口时，好奇心也是创造过程的重要部分。那些成功的人对他们所接触和看到的一切都有着难以置信的好奇心。智慧和好奇心相辅相成。聪明的人不断创新创造，并且总在学习新知识。他们总在提出问题，不停地探索他们周围的世界。在很大程度上，是好奇心推动了这个世界的运转。

再说一个我们常常讲起的故事，关于一个真能俯瞰这个世界的人。他透过办公室的落地窗可以看到壮美的天际线，他的汽车动力强劲，他的住所是顶级豪宅。有一天我们一起去打高尔夫球，他在打完一个球之后径直跳进水坑。你可以想象当时我有多惊讶。他不是在水坑边，也不是下到水没脚踝的地方。他真的是跳到水里去捞一个只值3美元的高尔夫球。天哪，他完全可以拥有这家高尔夫公司一半的股票，更可以拥有数百个这样的球。当他从水里起来的时候，我们围到他身边，都忍不住地笑了，因为他腰部以下全湿透了。没有人相信他是在打完球之后下水的。当然，我们都想知道他为什么这么做。"你这是在干什么？"有人笑着问。他的回答让人深思："我一直在认真地练习挥杆。我就想知道我的球到底飞了多远。"他没再多说什么，转身朝高尔夫球车走去。

好奇心的确能推动这个世界运转。如果没有足够的好奇心去探索和发现，你就永远不会了解市场的必要性或缺口到底在哪里。对你所接触到的一切事物都是如此。想想孩子们吧，想想他们是如何与周围的世界互动的。他们就想触摸、感受、抓住身边的每一样东西。孩子们不回避任何事情，因为他们还不知道恐惧为何物，不会受到恐惧的影响。他们只是好奇，想知道万事万物是如何运作的，是否能够被掰开，味道如何……

那些正在改变这个世界的真正企业家，成功地保持了更高层次的好奇心。好奇心每天驱使着他们不懈努力。好奇心并不只适用于商业领域，它触及生活的方方面面。对知识和理解的持续渴求能使你从生活中获得更多。这种收获不一定是物质方面的，也可能是精神方面的。随着不断地学习和成长，你知道得越来越多，你的能力、才华、技艺也会越来越强。

旺盛的好奇心可以让你保持积极的思维模式，而不是变成生活中的被动角色。好奇心鼓励你提出问题，寻求更多的答案；帮你发现机会，看清事物的本质，看到更宽广的世界。当你调整心态，对周围的世界产生积极的兴趣时，你就可以认清市场的机会和缺口。这时你会发现，随着对周围世界的理解不断加深，你自己也达到了新的、更高的水平。

具有好奇心的人是真正解决问题的人。他们提出正确的问题是因为他们关心这个问题，改变世界对他们而言存在着实实在在的利益。好奇的人渴望改变，并渴望成为改变的载体。你所认识的人当中，那些好奇心强的人是什么样的？你是他们当中的一员吗？你在你周围的世界中有既得利益吗？你有很多问题要问吗？如果想要得到准确答案，你是否也愿意在水坑中摸索一番？

前文提到的成功公式从好奇心开始。你必须有好奇心、有兴趣，并准备解决问题，以便认识到你希望填补的市场缺口。

如果说必要性是一切发明之母，那么好奇心就是发明之父。

这就是我们在前文中谈到的愿望。这条公式包含了企业家取得成功所需的激情和动力。约翰是一个很好的例子，他诠释了应用我们正在讨论的这条公式时会产生的结果。好奇心是他口中的"激情游戏（passion play）"，是他进军高尔夫服饰行业的基础。约翰谈了很多关于创造性和想象力的思考过程，以及他如何竭尽全力的故事。他质疑每一个细节，他的脑子里没有"我不能"或"这行不通"之类的思维模式。相反，他的思维是一个更有趣的过程："如果这样做会怎么样呢"或"为什么不试一试"。

这种创造性的过程再加上好奇心，使约翰在高尔夫产业领域的地位日益重要。他改变了自己的生命遗产，也改变了他整个家族的遗产——我们在这里指的是巨大的遗产。

永远不要低估了创造力与好奇心的结合，这种结合也不应该被看成"没什么大不了的"。这个公式改变了约翰的生活，也改变了与他接触过的成千上万人的生活。就像池塘里的涟漪，你永远不知道一个想法到底会带你走多远。但如果你没有足够的好奇心去发现，想法最终就只是一个想法而已。

通过与约翰的交谈，我们收获了一些关于成功公式的精彩见解。识别市场中的缺口，辅之以发现这些缺口的整体心态，这两者对成功者来说都非常重要。

我们环游世界，感谢有机会与来自各行各业的人交谈。这似乎总离不开一个简单的想法：如果你有好奇心，如果你足够渴望，如果你愿意坚持到底，你就一定能获得成功。这就是成功的公式。

让我们回到必要性和寻找市场缺口上来。当我们融入好奇心时，有关必要性是所有发明源泉的想法就要做出一些微调。另一个与好奇心同等重要的特征是思想开放，愿意考虑当下的所有选择，甚至一些不完全存在或尚不存在的选择。好奇心强的人只需保持开放的心态并提出问题就能产生更多的想法，也就更接近可能的解决方案或答案。

最优秀、最聪明、最精英、最顶尖的人，他们都知道这个公式，并愿意加以实践。他们利用好奇心和开放的心态在生活中取得了巨大的成功。你同样能够在日常生活中学习和应用这条公式。他们每天都在更高的层次上思考和生活，你是否会选择做同样的事，这完全取决于你自己。你每天都有机会挥动球杆，都有机会去追逐你的球，甚至有机会决定是否下水去探寻球的落点，去追求你想要的一切。不可能每一次都一杆进洞，成功的路上有很多坎坷。你越是向前，越是学习新知，越是充满好奇心，你就越有可能找到永恒的成功和幸福。这是冠军诞生的方式，我知道在你的内心深处也住着这样一位冠军。

你准备好发球了吗？

第五章

相信提问的力量

问一问人们需要什么，然后满足他们。

我们频频与分布在世界各地的商业培训师们交流，其中最有趣的发现就是关于提问的重要性。事实上，这是贯穿整个商业培训行业的主题。好教练的基础是拥有一个强大的问题库，帮助你在恰当的时候提出问题，进而顿悟并取得重大突破。我们一旦学会关于提问的哲学，就可以很容易地将其应用于商业领域，从而获得巨大的成功。

因此我们对迈克·霍利亨和邦尼·哈维提出的基于提问题的成功公式并不感到惊讶。他们两个人都有商业培训的背景，都知道提问的重要性，这帮助他们建立了世界上销量第一的葡萄酒品牌。现在，你一定想知道，是什么样的问题有这么大的威力，能够建立起世界销售第一的葡萄酒品牌。我们很快就会谈及这一点，它将令你大吃一惊。

你听说过一个名叫贝尔富特（Barefoot Wine）的小型酒庄吗？在贝尔富特葡萄酒成为国际知名品牌巨头，并在商品标签上打上识别度很高的脚印商标之前，这个品牌实际上诞生在迈克和邦尼家的洗衣房里。在此之前，除了晚餐时喝上一杯，这两位企业家对葡萄酒一无所知。直到他们制订了迈克所说的"缓慢致富计划"之后，才开始在葡萄酒行业站稳脚跟。

迈克和邦尼都坚信做人做事要足智多谋。有时这是一种选择，有时则是为了生存，特别是在竞争残酷的商业和创业领域。他们推崇简约，对大型建筑物、华丽的酒窖、办公室、店面等不感兴趣。他们很早就决定借助各种载体来发挥对商业的热情。在他们的故事中，这个载体就是葡萄酒，这是他们开始创业时需要的一切。当然，还需要合适的空间来进行日常业务运作，他们认为家里的洗衣房足够了。一切就此展开。

迈克和邦尼没有以专家的身份进军葡萄酒行业，而是采取了与我们所见过的所有故事完全不同的方法。他们通过向每一位行内人士提问的方式来武装自己。他们的问题一个接着一个。这的确与大多数企业家投身商业的方式相反。很多人建立了自己的品牌，然后把品牌推向全世界，最后任其繁荣或消亡。迈克和邦尼决定做出改变。他们决定直接面向顾客，询问他们到底想要什么。有了这些信息，他们建立起了备受顾客青睐的品牌。

贝尔富特葡萄酒进入市场时，产品能否生存的问题并不存在，因为他们给顾客提供的正是顾客们声称想要的东西。直截了当地说，应该有不下100万个网站和企业正在致力于帮助你探究顾客的真实需求。但到底是什么阻止了你直接面向顾客？你如何了解他们？你如何知道顾客想从你这里得到什么？要问就问这些重要的问题。

我们甚至可以更进一步，利用这些问题的答案，设身处地地为顾客着想。站在顾客的角度，了解他们想从你这里得到什么，然后充分利用这些直接信息。让我们回到先前的问题上。到底是什么问题能帮他们建立起世界上销量第一的葡萄酒品牌？这个问题请你站在顾客的角度上思考一下。

这确实与人类的本性相反，因为通常我们都只是讲述者，我们都想分享自己知道的东西。我们接受的教育是要成为一个讲述者而非询问者，因为讲述能给我们带来控制局面的力量。我们的老板、老师，甚至我们的父母从来都不想听到问题，却总想得到答案。所以，从小我们就养成了这种习惯：要学会给出答案，甚至要学会分享答案。

从贝尔富特葡萄酒白手起家的故事中你可以看到，提问者拥有巨大的力量。迈克和邦尼二人通过站在顾客角度上思考这个办法，发现了他们起初并不了解的行业中所存在的许多灰色地带。通过成为提问者，他们发现了一个行业中价值数十亿美元的缺口，并通过建立消费者会反复光顾的品牌来填补这个缺口。

迈克和邦尼并没有去找潜在顾客，并告诉大家他们能够提供什么商品，而是去询问顾客们想要什么。他们专注于探求可以为顾客提供的价值。不是产品，也不是味道，甚至不是他们的葡萄酒的质量，他们所做的只是搞明白需要为顾客提供什么，顾客的哪些需求可以通过一个崭新的葡萄酒品牌得以满足。迈克和邦尼想知道，如何以可行的方式提供所有的服务。孜孜不倦地询问，并将这些信息直接应用于品牌建设中，贝尔富特葡萄酒的每一个细节都是基于潜在顾客和业内人士的直接信息。

忘记你的产品，仔细了解你的顾客。

很早他们就学会了设身处地地为他人着想，迈克和邦尼完善了他们的销售模式。正如迈克所说："鞋子有很多，你必须把每一双都试一试。如果不这样做，你就会错过一些对这个过程非常重要的信息。我不说我们是解决问题的人，我们只是询问人们需要什么，然后我们就努力去满足他们的需求。"

贝尔富特葡萄酒的定位是向原始酿酒工艺致敬，口味也是为一贯喝葡萄酒的人所设计。现在，在任何一家大型商场都能买到贝尔富特葡萄酒，似乎提问的过程以迈克和邦尼 20 年前梦寐以求的方式得到了回报。

商业上的成功对他们从事商业辅导大有裨益，因为他们深切地知道提出旨在引导发现的问题是多么重要。"要怎么做才能成功？"他们带着这个问题询问了葡萄酒行业的每一类人——从叉车司机到部门经理。迈克和邦尼获得了宝贵的信息，建立了自己的品牌。

当他们完成了这一轮的提问，并准备好了自己的品牌之后，他们又把问题集中到其他方向。对面临的每一个挑战，他们都会提出问题，并努力搞清楚答案。利用这些信息，他们将挑战变成了成功的一部分。他们花了近 20 年的时间将贝尔富特葡萄酒发展成为今天这样一个全球品牌，然后将其出售给了嘉露葡萄酒家族（Gallo）。在 20 年的时间里，他们提出了不计其数的问题，但看到故事的结果，谁能说他们提出的每一个问题是没有价值的，是在浪费时间呢？

迈克和邦尼在探索商业世界时发现了一些非常有价值

的东西：总是有更多的知识需要学习。提出有意义的问题是满足知识需求最简洁的方法，也是阻碍最小的方法，这些问题能推动你的事业朝着正确的方向发展。在大多数行业里，很多人都愿意分享他们的知识。因为正如前文所说的那样，每个人都是潜在的讲述者，这就意味着你所要做的就是成为那个提出问题的人。

这与我们在第四章中谈到的内容相辅相成。对问题的好奇心让他们这支商业教练团队踏上了令人难以想象的商业旅程。然而，将贝尔富特葡萄酒卖给嘉露葡萄酒家族并不是他们旅程的终点。迈克和邦尼并没有忘记他们这一路上所经历的种种教训，他们很乐意将之与任何愿意倾听这些教训的人分享。

他们对商业始终充满激情。载体可能已经改变，他们在全世界旅行，给人们讲述他们对商业的热爱，并享受这其中的每一分每一秒。他们与全世界满怀希望的企业家和商业爱好者分享他们的成功故事，激励人们在生活中采取行动。

那么，如果提出有意义的问题是找到迈克和邦尼魔法钥匙最关键的内容，我们该如何模仿，以便让我们自己有所收获呢？提出有效的问题是一门艺术。如果你打算站在对方的角度，你就需要先找准位置。若想成功地模仿和应用他们的办法，你需要提出具体而有针对性的问题，从而引出你所寻求的答案。

提不出问题的危险在于：如果不提出问题，我们就会去假设；而一旦陷入假设，就很容易出错。我们目睹了许多企业和企业家的失败，原因很简单，就是因为他们对"顾客是谁"以及"顾客想要什么"仅仅做出了自以为是的假设，而没有花时间去找出真相。

善于提问的另一个重要的方面是，当你获悉了事情的每一个可能的细节时，提问这个过程本身就能产生影响。实际上，所有回答了迈克和邦尼提出的有关想要建立新葡萄酒品牌相关问题的人，都拥有对所提供答案的所有权。他们给出答案，相当于在该品牌诞生之前就对它进行了潜在的智力投资。随着产品落地，每个回答过问题的人都觉得自己在某种程度上对这个品牌的成功负有责任。即使公司尚处于初创阶段，即使自己并不是公司的主人，但他们每个人在内心深处都希望这个公司能够成功。

当我们对某件事情进行了投资，无论这种投资是经济上的还是智力上的，我们都与之建立了某种联系。提问的真正奥妙就在于此。提问的过程实际上也是迈克和邦尼创建起比任何其他品牌都更加庞大的运营团队的过程，同时也为他们即将成立的品牌聚集了无与伦比的能量。

一旦你完全掌握了提问的艺术，你将体验到更多有益的、更持久的联结和关系。同时，这也使你能为顾客、个人和企业创造更多的价值。我们提出的问题将决定我们之间关系的整体质量，也将决定我们解决问题的能力、好奇心和创造力——所有这些都是我们获得全面成功的关键因素。

提出强有力的问题

1. 做出明智的选择。开放式问题（你为什么喜欢？）总是比封闭式问题（你喜欢这个吗？）更好。封闭式问题通常只有"是"或"不是"两种回答，而开放式问题则允许你们的对话朝着任何方向发展。因此，尽量把重点放在"什么"或"如何"之类的问题上。好的问题应该是有效的，并且能引发思考。以下几个便是好问题的例子：

a. 你是怎么想的？

b. 你觉得如何？

c. 关于……你想说点什么吗？

d. 你会如何处理？

2. 练习耐心。有效沟通的关键实际上是学会沉默。想打破沉默是很正常的，但重点是要学会耐心地等待你所寻求的答案。你说得越少，你听到得就越多。你要学会等待答案顺其自然地出现。

3. 让答案顺其自然地展开。很多时候，你正在寻找的答案实际上还不存在，它将随着对话的推进而慢慢展开。避免犯常见的错误，例如过早地结束或打断对方的回答。留出时间让谈话随着交流自然发展。你不要着急。

4. **保持好奇心**。再一次关注我们曾经提及的好奇心，它确实是提问过程中不可或缺的一部分。重点是：永远不要假设你知道别人的答案是什么。因为如果你带着这种心态加入对话，你肯定会错过很多东西。用你的好奇心去倾听，然后带着更深层次的问题去跟进探索。

5. **忘记权力的游戏**。我们知道你很聪明，你也知道自己很聪明。但是在探索性的对话中，试图炫耀你的聪明才智是最糟糕的做法。自愿放弃对谈话的控制欲，才能让你有效地提问并收集信息。你应该忘掉对话中的权力游戏，专注于倾听。只有当你真正在倾听的时候，你才会调用不同层次的情感、语言和非语言进行沟通。

下一步的行动

假设你已经掌握了提问的艺术，在潜在的顾客面前，你提出了第一个问题。接下来的步骤对提问是否成功至关重要，那就是：你的倾听能力如何？从来没有人告诉我们如何成为一名合格的倾听者。他们只是告诉我们要倾听，但并没有教导我们如何真正做到这一点。正是因为不知道如何改变，我们大多数人都是在生活中摸索，因此在交谈中错过了很多。我们都听过这句话："如果没在听，你就没在学。"这句话用在商业交谈中也非常合适。你可能提出了世界上最好的问题，但如果你不会倾听别人对这些问题的回答，那又有什么意义？

在前面的章节中，我们谈到了你需要控制自己的想法，现在就是证明这种技能无比重要的时刻。很多时候，我们处于喋喋不休的循环中。自己说完一句话之后，与其说是在倾听，还不如说我们是在想接下来该说什么，或如何给别人提出建议。为了打破这个循环，你必须成为这种想法的主人，学会让这些想法安静下来，以便在你提出每个问题之后，真正准备好倾听别人给出的答案。

成为好的倾听者需要练习，成为伟大的倾听者需要耐心。

全神贯注将使你能够眼观六路，耳听八方。视觉交流与听觉交流同样重要，两者共同为你描绘出了完整的画面。这一切都归结于有效的沟通技巧。

下一次探险正等待着你去开启！

第六章

做一个有远见的人

有远见的人能为这个世界照亮前行的道路。

在前面的每一章中，我们都谈到了真正的企业家所拥有的一些核心价值。其中包括强烈的自信心、决心、好奇心，能提出有意义的问题、与宇宙保持协同，以及永不放弃梦想的意志……把所有这些核心价值加在一起，便不难看出这就是成功的完美公式。当我们深化这些核心价值，并把它们应用到现实生活中，会是什么样子呢？这就是接下来要分享的内容。

1787 年的美国刚刚建立不久。此前，美国独立战争爆发，各州获得了自由。然而，当时的美国尚没有完全统一，各州没有办法划分州界、执行贸易合同，甚至连土地契约也无法履行。在这一时期，一群人在费城的一个小房间里召开会议，提出了组建中央联邦政府的想法，以便解决各州所遇到的问题。这群人从零开始，相互合作，制定出了他们认为可行的制度。为了建立这个中央政府，这些人都同意公民的权利必须得到保护。因此，接下来他们开始为保护公民权利制定各种具体措施。当一切都完成后，他们同意对美国的宪法做出 10 项修正，这就是人们熟悉的《权利法案》。这件事情具有非同寻常的意义，它永远地改变了美国历史的进程。过往丧失自由的经历为他们建立新的民主制度奠定了基础，而他们对自由的看法也改变了整个世界。

有远见的人能够向世界展示出全新的方式，他们能够启迪世界，鼓励周围的人踏上未知的道路，并以改变世界作为自己探索世界的唯一目标。《韦氏词典》将有远见的人定义为"对未来将是或可能是何种面貌具有独到见解的人"，他们设想未来，是始终保持着领先状态的梦想家。

我们有幸结识了一些真正有远见卓识的人，他们的故事鼓舞人心。托马斯·爱迪生为人们带来了电灯和其他一些令人惊叹的发明；披头士乐队带给我们的原声歌碟让人爱不释手；史蒂夫·乔布斯创建了苹果公司，改变了我们使用技术的方式；而另一位有远见的人你可能并不熟悉，他就是保罗·菲奥雷，他永远地改变了银行业。

有人说保罗在金融业领域中简直就像古希腊神话中的
"迈达斯之触（Midas touch）"一样，具有点石成金的本领。
他是一个投资者、顾问、成功的商人，也是我们这个时代
真正有远见卓识的人。保罗的人生哲学相当简单：永远期
待未来。

保罗年轻的时候发现自己对世界上的各种问题充满了
好奇。他总是忙于寻找解决方案，有时是解决只有他能看
到的问题。保罗从纽约大学毕业，获得了金融与管理学的
学士学位。但当时的世界还没有准备好迎接他即将带来的
东西。我们指的是网上银行——让人能够在电脑上，现在是
手机上，检查你的账户余额、已结清的款项、待处理的款
项等。在这项发明之前，我们获取个人银行信息的唯一途
径是去银行查询或邮寄账单。网上办理银行业务改变了这
一切。想象一下，每次当你需要核实某一款项是否结清时，
或者想知道自己的支票簿是否平衡，以及想核对账户余额
的时候，都必须亲自去银行一趟，这一切多么麻烦啊。银
行业需要升级，保罗的目光十分高远。他很兴奋，因为他
知道自己的创造将会为人们带来什么样的影响。

数字洞见（Digital Insight）公司成立于1995年。保罗
请来了丹尼尔·雅各比帮助他建立这家公司，并担任自己

的商业伙伴。随着网络浏览器的诞生，两个人预想到了即将出现的情况，希望成为第一批参与其中的人。为了创办自己的公司，两个人必须先离开他们当时的职位。保罗和丹尼尔向老板辞职的时候，老板送他们出门，并给予了他们最美好的祝福和第一笔投资。"我向原来公司的 CEO 解释我们在做什么，他问我们需要多少钱才能开张。我告诉他我们需要 50 万美元。他看着我，考虑了片刻说："任何值得用 50 万美元做成的事情，都值得用 100 万美元做好。'这就是我们争取到第一个投资者的过程。"

24 岁的时候，保罗已经成为当时美国银行业历史上最年轻的首席财务官。29 岁时他有了自己的第一个投资者，并且他还在创造银行业的历史。到目前为止，我们在本书中谈到的所有技能都可以在保罗的生活中看到。他决心成功，他不愿意让失败的恐惧阻止他去追求以前从未做过的事情，他全心全意地相信正在做的事情，他知道自己将不得不付出令人难以置信的努力，他接受了这个挑战。像每一个真正有远见的人一样，保罗已准备就绪，决定铺设一条改变世界的道路。

就像当年费城的那些人着手改变世界一样，保罗也正在这样做。他的第一家公司数字洞见公司被财捷（Intuit）公司以超过 13.5 亿美元的价格收购。而后，他继续深耕创

造和投资领域，以不同的方式在整个银行业中留下了自己
的印记。他创立了信用联合钱包（CU Wallet），这是一家
由信用合作社拥有的协作式移动钱包企业，旨在为那些不
重视品牌宣传的白标产品（white label products）提供服务，
信用社得以利用自己的品牌移动钱包为其成员服务。他还
创立了双光束公司（Double Beam），这是一家提供移动支
付和基于云计算的软件企业，也已经被上市公司收购。

保罗说，他之所以能够成功，是因为他总能够领先一
步，能预测到市场的需求。他始终领先于市场的下一步发
展。当你处于市场新事物的最前沿时，你就可以制定规则。
你可以引导有影响力的人，而这些人反过来又引导大众形
成潮流。涓滴效应影响深远，站在最前沿的、有远见的人
的选择，影响了市场的走向。

托巴·贝塔说道："有远见的人创造梦想家所想象的
一切。"进一步说，有远见的人是有能力创造想象中的一
切的梦想家，也是解决问题的人。因为他们处理和解决大
多数人做梦都想不到的问题，故而是站在队伍最前面的人。
保罗这样有远见的人确定达到目标的方法，采取行动，最
终将他们的愿景转化为现实。

在橄榄球比赛中，四分卫总是盯着前场。他不会把球
直接扔到接球者所站的位置上。他知道自己必须预测球的

运动轨迹和接球者的运动方向，然后再把球扔出去。有远见的人从来不会盯着某一个具体的市场问："这个商品的市场在哪里？"部门负责人会问："这个市场的走向是什么？"而真正有远见的人问的是："我能把这个市场带往何处？"

无论你身处哪个领域，对未来的预判是让自己保持领先的最佳方式。我们生活在一个节奏快、变化多的时代里，变化总是出其不意，问题总是有待解决。有远见的人要做的是解决市场终极的或潜在的问题，并利用这些信息引导市场进行具有未来意义的变革。

有远见的人是变革的真正主人。他们不惧怕变革，他们渴望变革。

有一件事可以肯定，那就是变化是生活和商业的常态，未来亦会如此。如果我们没有准备好应对变化，或者发现自己对变化感到惊讶或措手不及，这只会使事情变得更加困难。逃避变化，甚至逃避问题，是人性的一部分，但逃避于事无补。有的时候你只是觉得那样总比在球场上全速奔跑，并相信球一定会落到你的手里更安全。长此以往，你的生活可能会变得举步维艰。人人都在教我们如何逃避，却没有人教我们如何预测。事实上，学会预测才是你必须养成的习惯。

如果你不再逃避问题，而是反其道而行之，主动寻找问题并着手解决，你的生活会是什么样子？如果你不再一味地回避问题，而是寻找问题来解决，你会变得怎么样？这种积极主动的方法肯定会从各个方面拓展你的生活，因为你将通过主动设计自己的未来，从而在未来发挥强有力的领导作用。我们都知道，预测对成功和创新至关重要，而且与商业密切相关。但我们也在学习如何将预测运用在生活的每个方面。如果我们每天醒来的时候，都能对要走的路以及如何迎接（或规避）变化做到心中有数，那么一切都会因此受益。

预测，而不是逃避，让你看到挑战，也能让你看到机会。你看到的越多，摆在你面前的机会就越多。在第一章中，我们举了买车的例子：当你购买一辆新车之后会发生什么。你把车开出停车场，突然发现路上到处都是和你的汽车一样的车。这是因为你的视网膜激活系统在运作，我们也可以把这个道理应用于发现机会和预测变化上。你越是寻找机会，你就会发现更多的机会；你越是预测变化，你就越能够预测更多的变化。

保罗年纪轻轻就选择了这条路，并获得了巨额的回报。对保罗来说，处理问题的兴奋感是一种独特的体验，他越来越喜欢这种体验。他的生活反映了这一点：每当他负责的公司达到巅峰，他便又开始着手做下一件大事，掀起新的波浪，铺平新的道路。每当你拿起手机检查账户余额，或在家里完成转账付款时，我们希望保罗的经历能激励你寻找自己的问题，并动手加以解决。

你也能够成为一个有远见的人（还记得前面关于乞丐和黄金的故事吗）。如果你选择接受挑战，如下这些指导原则将帮助你达到目的。

愿景

一旦有了合适的愿景，你就应该投身于此，并开始着手开拓未来的市场，或努力解决你所面临的问题。如果愿景不合适，你最好多花些时间，以确保寻找到正确的愿景。假如你想成为众人的领袖，你首先应该知悉这些人的期盼，以便成功地预测下一步该去往何处。完善，完善，再完善。慢慢地，你会知道何时你的愿景才算恰到好处。到了那个时候，你就可以大步向前迈进了。

扩展

一旦拥有了完美的愿景，你就可以着手扩展愿景，并为未来做计划。确立和充实愿景的过程，也是你创建保证绝对成功计划的过程。每一次扩展最终都应该使你更加接近自己的愿景。如果在扩展愿景的过程中，你发现愿景并不合适，此时绝对是回头调整愿景的最佳时机。只有愿景正确，接下来的扩展才会是无缝衔接。

战略伙伴关系

保罗知道丹尼尔·雅各比是微软 XP 系统最好的工程师。他要与丹尼尔合作，因为他知道他们的合作会比他自己单打独斗更有价值。俗话说"知道自己的优势，用好自己的不足"，这句话不无道理。你可能正在开辟新的道路，但你不想独自面对。了解自己的长处，并依靠你的社交网络来建立战略伙伴关系。如此你将实现愿景的第一层扩展和成长。

消除摩擦

这绝对适用于你的愿景、团队以及你能想到的其他任何事情。成功的远见卓识者都知道以何种方式消除摩擦。费城那些人的任务是消除一个刚刚成为国家的国内摩擦，

他们接受了这一挑战，我们当下的生活也因为他们的预测
而截然不同。对于保罗来说，他推行的技术革新为世界各
地的用户们消除了摩擦、节省了时间、免去了往返银行的
折腾、取消了曾经与银行业务相关的各种麻烦。

锲而不舍

据说，托马斯·爱迪生在成功发明灯泡之前失败了不
止 1 万次；迈克尔·乔丹在他极其成功的篮球生涯中有
9000 多次投篮未中；有人说华特·迪士尼缺乏想象力。我
们提到的这些人后来都创造了历史性的成就，但每个传奇
人物都把成功归功于自身的坚持。如果你能像他们一样坚
持不懈，你最终也能得偿所愿。从来不敢尝试的人，当然
不会成功。

预测而非逃避

正如本章开头提到的那样，要想成为一个真正有远见
的人，要想成为一位战略思想家，就离不开预测，更不能
逃避。这是一个习惯，一旦养成，将为你生活的各个方面
带来好处。你要学会预测，每天多问自己几遍："为解决

这个问题，我可以提供什么帮助？""我有能力解决这个
问题吗？"，以及"有什么变化是我应该预测到的？"正如
我们在前几章中所讨论的那样，花些时间调整自己会给你
带来更高层次的意识。只要养成了问自己这些问题的习惯，
你就会发现你对宇宙以及自己的生活更有感觉了。记住，
在生活中养成一个新的习惯需要时间，所以要坚持下去，
直到你发现自己在没有提醒的情况下也能成功预测为止。

拿破仑·希尔总结得极是："束缚人的不是本能，而
是想象力和意志力。"

**愿景在前方等待你，未来期待你的擘画。你将去往
何方？**

第七章

与优秀的人为伍

如果与你同桌用餐的都是胜利者，那么这顿饭一定能滋养你的心灵。

我们在商业和生活中遇到的那些最聪明的人都有一个共同的秘密，在此我们想与大家分享这个秘密。但在这之前，让我们看一则故事。

我们有幸与一个叫阿丽莎的女士做了几年生意。她在相当年轻的时候就做出了惊人的成绩。实干家阿丽莎不仅有动力有想法，而且人生态度也非常积极。阿丽莎对她生命中的每个人来说都是一束真正的光。她在 20 岁时就创立了自己的公司，业务每年稳步增长，几乎超过了投资者设定的每一轮季度目标。

有一天她坐下来吃午饭，整个气氛却与以往大不相同，一点也不像往常的午餐"动员大会"。阿丽莎的脸上愁云密布，似乎还因为压力添了几道细细的皱纹，她那种能照亮整个房间的笑容不见了。当我们寒暄完，点完菜后，她紧张地咬着下嘴唇，深吸一口气说："我知道你们从来没有见过我这样。我很迷茫，我不知道以后该怎么发展。我的生意受到了影响，个人的生活也受到了影响，我不知道该怎么办。"经过至少 30 分钟的深入交谈之后，我们发现，几乎拥有一切而且生活近乎完美的阿丽莎女士正在失去动力。无论她如何努力修复生活中的不平衡关系，依然没有任何进展。她的整个生活都受到这些不平衡关系的影响。似乎无论她怎么做，都无法挣脱。

我们都经历过这种情况，不是吗？我们身边总有这样的朋友、伴侣或商业伙伴，他们一直兢兢业业，直到求无可求。很多时候，我们甚至都没有意识到这对我们的精力和生活有什么影响，直到情况已经十分危急，直到别无选择才不得不采取一些极端的行动。持续富足生活的秘诀是让自己的周围始终有比自己更优秀的人。你最亲密的朋友和知己应该是出类拔萃且动力满满的人，并且他们也愿意推着你走向成功。我们都听说过这样一句话："你就是与你朝夕相处的那些人的总和。"如果这是真的——与你为伍的人代表着你的水平——也许是时候仔细想一想，身边的这些人给你带来了什么。拿破仑·希尔指出，我们应该寻求那些能够影响我们的人的陪伴，这便于我们思考和行动，进而创造我们渴望的生活。

如果没有适当的指导、关怀和支持，我们很容易就陷入停滞不前的状态中。生活可能会偏航，当你发现的时候，可能5年或10年已经过去了。如果你身边都是杰出且勇敢的人，他们总是渴望从生活中收获更多，你会发现自己也会有样学样。当你周围的人都在追逐梦想，那么追逐梦想对你来说也不是难以想象的事情。而当你周围的人都没有什么动力去追求任何东西，追逐梦想对你来说也会变得困难重重。我们的朋友与我们人生的动力有非常直接的关系。

我们的朋友马克·奥特就是这种生活哲学的践行者。为撰写这本书，我们采访了他，并从他成功的经历中得到了一些非常重要的信息。马克坚信不要做房间里最聪明的人。他勤奋地工作，与身边那些独特、聪明、精力充沛的人为伍，这些人每天都鼓励他尽可能地成为最好的自己。马克将这一理念应用到生活中，于是他也完成了一些真正鼓舞人心的壮举。他已经将目光放在他更大的愿望上，这也是我们接下来要谈的内容。

马克是海洋航空公司的创始人兼首席技术官。海洋航空公司有一个非常宏伟的目标：利用太阳能和风能为探索海洋提供动力，进而改变世界。海洋航空公司的基础是海洋知识与世界级工程创新的非凡组合。从航空航天、航空母舰到破纪录的帆船设计、太空跳伞，这些专业知识使其团队能够以全新的视角来看待由来已久的海洋挑战。马克最了不起的愿望——让海洋变得清洁——正在慢慢地实现。

我们都听说过"塑料岛"，以及漂浮在海洋中的那些难以计数的塑料碎屑。我们都见过那些为此而失去生命的动物图片，剖开这些动物的尸体，露出满肚子的塑料和垃圾。海洋中的塑料每年都在增加，这些塑料大多是通过拖网发现的。使用拖网的危险之处在于有太多的未知因素。实际上，我们每个人都知道垃圾会带来严重的负面影响，我们只是不知道这些影响到底会是什么，或者说影响到底有多深远。

马克并不把自己称为环保主义者。一旦他的团队完成了 FRED 的大部分设计工作，剩下的问题就可以靠海洋航空公司来解决。FRED 的全称是"消除废弃物的浮动机器人（Floating Robot for Eliminating Debris）"。这是一种无人操控、自给自足的海洋机器人。使用太阳能和风能，FRED 能够全年不停歇、每天 24 小时不间断地收集海洋中的垃圾碎片。这绝对是一项可以改变整个海洋机器人行业的发明，更重要的是，对海洋生态健康来说意义重大。

随着太阳能、传感器和观测技术的发展，无人海洋船的设计也在不断进步。FRED代表了一种新型自主、自供电的船只设计，具有水面和水下多种功能。是的，你没看错，水面和水下的多功能性。FRED也是一种实用且有效地部署和扩大关键海洋区域观测和数据收集的方法，这意味着海洋航空公司正在努力提供新的理念和选择，以便有效地加速海洋探索。在海洋中，有大量人类一般不会涉足的区域。马克和海洋航空公司团队正在研发的船只可以轻松地在这些区域航行，同时人类的生命不会受到任何威胁。

在海洋航空公司做出杰出功绩之前，马克是港翼技术公司（Harbor Wing Technologies）的联合创始人，负责为一家与美国海军签约的世界级技术团队提供管理和协调设计、工程、系统集成等服务。该研发催生了世界上第一台风力驱动的自主无人水面舰艇。在马克的指导下，港翼技术公司的团队成功地向海军展示了多船体、翼帆驱动设计的几个迭代版本。马克在工程中受到启发，他的几项创造和发明还申请了美国专利。

如果马克的故事也给你留下了深刻的印象，你肯定能理解为什么我们要与他交流，想要弄清楚他如此成功的秘密。我们知道马克的每一天肯定在践行某种哲学，而且我们知道这种哲学一定非常强大,从他的生活和他迄今为止所取得的成就便可知道。令我们惊讶的是,拥有让海洋变得更清洁这样宏大愿景的马克,为人却十分谦虚,非常愿意提携身边的年轻人。

我们在与马克交谈时,他多次强调自己是个幸运的人,有一个非常优秀的团队在支持他的努力。他提到永远不要成为房间里最聪明的人,强调与真正不平凡的人为伍的重要性。他说当你以这种方式生活时,你的生活将充满无限可能。拿破仑·希尔也曾多次指出这一点,并用"智多星(mastermind)"这个词来称呼那些真正强大的人以及团队成员在齐心协力时所展现的协作能力。他指出,一个人有足够的教育、能力和知识还不足以积累起巨额的财富,但与你周围的人——你的决策团队合作,你就能抵达难以企及的高度。

发挥你的优势,补充你的不足。

在前几章中,我们谈到了发挥优势和扭转劣势,以及将这一理念应用到日常生活中的重要性。比起谦逊待人和赞美他人,我们还容易因为别人更优秀而产生危机感。在我们的采访中,马克随和地告诉我们,他努力避免成为房间里最聪明的人，这种态度足以说明他是个怎样的人。他有能力取得惊人的成就，但仍然保持着谦逊低调并不吝于赞美他人。这比什么都更能说明问题。

你周围的人对你的生活有着巨大的影响，你的环境也是如此。你在生活中做出的选择将决定你是处于积极的还是糟糕的成长环境中。记住，你向宇宙要求什么，你就会吸引到什么。问问你自己，为什么成功的人都选择与其他志同道合的人为伍？这是因为即使是最成功的人也有弱点。他们也是人，就像我们一样。身边围绕着走过相同道路，或有过类似经历的人，有助于他们从身边人那里更多地认识自己。这就是为什么你会看到埃隆·马斯克与碧昂斯同桌而坐的原因——成功但性格各异的人可能会有一些东西可供相互分享，促进彼此成长。

判断某些人对你的成长是否有好处，可以从这三个方面考查：他们鼓励你，他们能为你赋能，他们能扩展你的视野。你需要那些支持你的梦想、愿景和想法的人，他们用鼓励和奉献引导着你前进。

那么，这些对的人是谁，你到哪里才能找到他们呢？

这些人并不特别，或者至少他们不一定需要是特别的人。你不需要刻意去结交富人和名人以满足自己的虚荣心。你寻找的"好人"总是隐藏在大众视野之外，他们可能是你的家庭成员、朋友、同事，甚至是你在街角杂货店偶然结识的人——所有积极快乐的人都能丰富你的人生。

即便是从最概括、最普遍的意义上来讲，每个人对"好"的理解也各不相同。每个人都与别人不同，让你高兴的事情不一定对我有用，反之亦然。你的想法或愿景可能与另一个人截然不同，所以你必须找到对你"好"的人——那些与你的想法、气质和目标一致的人。这并不意味着他们必须是你的克隆人，因为这有悖于你的目标，但他们一定是能够理解你的状态和愿望的人。

你若真的想找到这样的人，也并不困难。做好你自己，他们就能找到你，就像你能找到他们一样。

与对的人为伍，才是真的在生活。

当你在生活中寻找这些"好"人时，想一想他们的人品。对于同一个人，不同的人可能会发现不同的品质，但这样的人总归有些共同的因素：

· 他们积极向上吗？

· 他们性格乐观吗？

· 与他们交往对你有什么影响？

· 他们支持你吗？

·他们是否让你充满新的能量？

如果这些问题中的大部分都可以用"是"来回答，那么这人对你来说可能就是"好"的。

与你尊重和喜欢的人在一起你会感到轻松愉快。在日常生活中，你身边总有各种不同类型的人。与一些人在一起，你身心愉悦，他们鼓励你，滋养你。而与另一些人在一起则恰好相反，他们尖酸刻薄，令你不安。这些人消耗你的能量，通过情感欺凌来操纵你，这样的人就是我们常说的"能量吸血鬼"。你必须拒绝被人以恶劣的方式对待。你的福祉受到你周围人的影响，哪些人能进入你的生活完全由你说了算。如何吸引"好"人，说清楚还算容易，但要讲清楚如何摆脱那些对我们的生活造成巨大负面影响的人却很困难。

依据东方人的教诲，在一个更微妙的层面上能量是可以转移的。与一个人分享空间就意味着与之分享能量。人的感受是能量的一部分，因此情绪和感受是可以相互感染的。与性格纯良的人在一起，可以使你的性格保持平衡——我们每每提及的平衡状态。每个人的生活都有高潮和低谷；有你引以为豪的选择，也有让你懊悔不已的决定。这些记忆反映了进入我们生活中的人每天与我们的交往。他们的所作所为与你产生了共鸣，潜移默化地影响了你的日常选择。因此，决定让什么样的人进入你的生活，将对你产生重要的影响。

前进的动力

我们的生活忙碌无比，要想获得源源不断的动力向前迈进，的确是一个挑战。周围的人强大且支持你的人越多你就会越容易，在你需要的时候，他们能为你提供能量，能够成为你的榜样。你也应该以身作则，为你生命中有需要的人提供能量。如果你身边有我们所说的"能量吸血鬼"，你的生活将会迅速失去平衡，除非尽力重回平衡点，否则你的生活将一直失衡下去。

马克·奥特是保持生活平衡状态的范例。当他谈论自己未来的愿景时，工作、目标和精力三者之间处于平衡状态。承担清洁海洋的任务不是一件小事。事实上，这听起来几乎不可能完成。马克与他杰出的团队成员一起想出了可行的解决方案，并且一起去追寻这个看似遥不可及的愿景。我们本可以利用这个机会来谈论梦想、目标和人生……但恰好相反，让我们聊一聊事物的本质吧——一个杰出的团队能改变我们的未来和海洋的未来。

马克的例子说明了当积极上进的人聚集在一起，并着手实现目标时会发生什么。

与你的榜样为伍。

是的，数字肯定威力无穷……但这些数字又必须有其对应物。如果你是与你相处时间最长的人的总和，你努力成为 10 分，但他们都是 5 分，他们会降低你的平均水平，他们唯一能给你带来的是挫折和通往成功的障碍。阿丽莎则正好证明了有些人能迅速让你垮掉。在谈话最后，我们敦促她做出改变，找回自己生活的平衡状态。这些改变并不容易，所以主动出击总是更好的选择。如果你环顾四周，发现你比其他人更优秀，那么你是时候去寻找更加积极的人际关系了。

我们一不小心就有可能陷入让别人的能量毁掉自己的恶性循环中，每个人都曾在生活的某个时刻经历过这种情况。这并不是说那些能量吸血鬼是"坏"人，只是他们不适合你，不适合你现在的生活状态。此时的你应该停下脚步，对你当下的实际情况进行诚实的评估，与你期待的水平进行比较。

当你深入思考所交往之人时，就能更容易地确定你所寻找的特质，并专注于寻找那些能帮助你培养积极和健康关系的人，请他们来填满你的生活。在某些情况下，我们不可能自己选择。例如，在工作中，你无法选择你的同事。

但你可以寻找那些有益的特质，并专注于此。你也可以分享你的积极特质，而对方可能正在寻找这些特质，这就形成一种双向奔赴的关系。

除了直系亲属之外，你可以选择在生活中与哪些人为伍。评估与你相处时间最长的人，看看他们是对你的生活大有裨益，还是百害而无一利。谨慎地选择朋友，因为他们创造了你成长的环境。给每个人成为你朋友的机会，但只有那些和你一样看重你的梦想和目标的人，你才应该和他们多接触。如果你的朋友正在消耗你的能量，你可以告诉他们你的感受；如果你觉得这样做可能会伤害他们的感情，你不妨选择减少与他们相处的时间。

当你真诚地对待自己的感受时，你就能更真实地对待别人给你的感受。这将改变你的社交生活。告别老朋友，结交新朋友。这种将诚实融入生活中的做法，会带来个性的转变，使你获得更大的幸福。

与那些性格积极的人在一起，你就能清除消极情绪结下的蛛网，为你创造更多的空间来培养积极的能量。他们将丰富你的生活，让你沉浸在互助互爱的良好环境中，进而促进彼此的成长和理解。更重要的是，他们将让你更加自信，更加自尊和自爱。

史蒂夫·马拉博利的话完美地概括了这一点："与鸡

在一起，你只会咯咯地叫；与鹰在一起，你才能飞起来。"

马克·奥特曾经是一名实力超群的水手，也曾经做过船舶设计师。他曾与大型企业甚至美国海军合作过，也为我们大多数人一生中都没有思考过的问题提供过解决方案。让马克的故事成为你改变生活的灵感吧。他的心愿是让海水变得更干净，事实上他的确在为此不知疲倦地奋斗，没有什么比这更鼓舞人心了。这是一个了不起的故事，马克的哲学也可以很容易地应用于你的生活。仅从这一点来看，他就能成为激励你奋斗的理由。

这是马克通往成功的魔法钥匙。

看准浪头，冲进去。

第八章

从缺憾到完美

缺憾让人完美。

　　和你交往的人会影响你的成功和幸福。成功不是一项独立的行为，它是一种因努力合作而产生的结果，这种合作极大地依赖与伙伴的关系，也依赖你和他人的联系，因为合作伙伴可以帮助你更快地完成你想做的事。你不仅能从这些人积累的经验和知识中获益，还能直接获得影响他们多年的知识和经验。更美妙的是，你与他们的联系为你提供了与他们整个人际网络的直接联系。通过你的朋友，你的人际网络可以变得十分广泛，以至于无穷无尽。

　　历史上最伟大的成就都是团队努力的结果。美国有不止一位开国元勋，《独立宣言》由 56 名代表签署。人多力量大，我们有效利用人际网络时就会产生更大的力量。我们认识的这些人可能是开启我们生命中美好事物的钥匙。

基于这一点，我们着手寻找一个能让事情大规模发生的人，一个能把影响力转化为结果的人。我们找到了这样一个令人敬佩的企业家，他的名字十分独特，更令人难以忘记：可怕的史蒂夫。

史蒂夫·西姆斯是世界领先的豪华礼宾服务公司蓝鱼（Blue Fish）的创始人和持有者。通过广泛的人际网络，史蒂夫为他的客户提供顶级定制的体验和各种尖端的娱乐。他服务的对象包括社会名流、职业运动员、公司高管和众多个性独特的人，他们都想过上充实的生活。

你的愿望清单上有什么，史蒂夫都能帮你实现。作为一名商界领袖，他拥有令人惊叹的经历，他的人生中经历过不可思议的故事。他的客户想要化身为蒙特卡洛的詹姆斯·邦德，想要登上潜艇前往泰坦尼克号，想让世界上顶级的厨师传授烹饪技艺，想与著名唱片艺术家单独交流，想去私人音乐会后台一探究竟，甚至想在热门的电视节目中扮演临时角色……

如果你问史蒂夫是如何做到的，他会告诉你："让事情发生。通过我的人脉，我帮人们实现他们梦想和渴望的事情。"

我们很好奇。如何才能获得如此大的影响力？怎样才能获得接触名人并拥有非凡经历的机会？最重要的是，让事情发展到极致需要特殊的个性。所以我们想探明史蒂夫·西姆斯成功的原因。

史蒂夫·西姆斯解释说，这并非偶然，因为他终其一生都在做看似不可能的事情。当他还是个孩子的时候，他就总想去他不应该去的地方，做他不应该做的事。经过多年的成长，他那不可思议的能力已经成长为一种艺术。1994 年，他开始利用自己的才能，让人有机会参与亚洲精英组织的各项活动。如今，在加州洛杉矶，他招待了埃尔顿·约翰和其他音乐巨星、科技天才，以及后来成为美国第 45 任总统的唐纳德·特朗普。

史蒂夫·西姆斯是"有志者事竟成"的典型代表。通过抽丝剥茧，他已经掌握了一门艺术，即找到可以使任何事情发生的关联性。他做事从来不去美化自己的要求——这也是他的绰号"可怕的史蒂夫"的由来。

大多数时候，这很吸引人，因为我往往不知道要和谁见面。我的绰号里有"可怕、丑陋"一词……这不是指我的外表，尽管有些人可能会这么认为。相反，我建立了敢作敢为的名声，也建立了非常真实、透明和严苛的名声。

简单说，我这个人非常容易理解。

换句话说，史蒂夫·西姆斯以闪电般的速度切入主题。忘掉华丽的赞美和不必要的废话，史蒂夫做到了看似不可能的事，因为他让每个人都知道他是谁，他想要什么。他什么都不隐瞒，赤裸裸地展示好的、坏的和丑陋的，只为了让一切发生。

> 我的策略很直接。我和人交谈时会直接告诉他们我需要什么，并问他们我如何才能得到所需要的。这样一来，别人就不可能误解我的需求。这种观点让人耳目一新。无论是与奥斯卡奖、梵蒂冈还是美国宇航局的负责人交流，我都需要有大师般的沟通技能，能让他们迅速知道我想要什么、这对他们有什么好处，以及为什么这对他们也有好处。

史蒂夫解释说，这种程度的坦诚并不新鲜，却已经成了一种失传的艺术。虽然科技让沟通变得更快更容易，但人们要花很长时间才能说到重点。原因之一是与别人交流时，我们变得精神麻木、疑虑重重。我们不信任自己的朋友，总觉得"如果某件事情听起来好得令人难以置信，那么它很可能是假的"。

史蒂夫·西姆斯描述了类似的经历。虽然它们看起来好得令人难以置信，但他向我们保证，事实并非如此。正是通过他广泛的人际网络和多年来建立的联系，他把梦想变成了现实。他认识的人是他成功公式中的重要组成部分，但史蒂夫把他的成功同样归功于与这些人沟通的技巧。

人们快速、简洁、切中要点地交流时，就能抛开杂音。笔记本电脑、iPad等科技出现之前的"婴儿潮一代"明白这一点。在科技繁荣之前，我们沟通的时候直截了当。今天，一切都经过了过滤。我们过滤了自己的回应和请求。

有些人把这种直率称为丑陋。然而，这种态度会让人们知道你是谁，因为你没有将其隐藏在任何华丽的语言或过度修饰的措辞之下。他们知道你的语气，知道你是谁，知道你想要什么。其实，很多人并不知道如何才能建立起人际关系。

通过表现得"丑陋"并直言不讳，史蒂夫·西姆斯赢得了"真实"的名声。你看到的就是你得到的，他并不为此而感到羞愧。事实上，这正是他将所谓的"缺陷"转化为完美的方法。利用已知缺陷为自己谋得成功，他正不断地完善这门艺术。他同时指出，大多数人都在隐藏自己的不完美和缺点，而不是接受它们。换句话说，我们太在意自己的形象，以至于不允许自己做真实的自己。

人们越富有就会与人越疏远，也会以不同的方式对待身边的人。你对待一个亿万富翁和一个挣扎着偿还抵押贷款的人，自然会有不同的态度。每个人都有一个特定的媒体形象，社交媒体和杂志上图片泛滥，每一张图片都经过了过滤。比如说你拍了一张与家人在海滩上的美丽照片，在把它发布到社交媒体上之前，你会先编辑美化照片，直到照片看起来更漂亮才发布出去。我们现在已经对那些真实原始的图片、对话和沟通没有兴趣了。

对史蒂夫·西姆斯而言，真实对话意味着坦率、直奔主题、一秒钟也不浪费。真实意味着直接，有些人可能会将其理解为率性。他凭借不同寻常的风格证明，有些时候，若是想要得偿所愿，只需直接提出要求。这种交流方式可能会让人觉得苛刻，但这正是"可怕的史蒂夫"作为交流大师的杰出之处，这也使他成为一名非常成功的企业家。

实际上史蒂夫·西姆斯利用的是即时满足的原则。身处当下这个信息爆炸的时代，我们需要知道答案，而且现在就要。如果有任何问题，只需发一条信息，立即就能得到答复。我们甚至可以询问苹果手机的 Siri 或亚马逊的 Alexa，马上能得到我们想要的答案。史蒂夫的直率迎合了人们对即时满足的需求。因为在人们有机会质疑他的动机之前，史蒂夫就已经坦率地告诉他们，他想要什么以及他们需要知道什么。

有些人可能认为史蒂夫·西姆斯的交流风格不够体面，认为这是缺陷或不足。但正是这种风格为史蒂夫赢得了声誉，赢得了客户和庞大的人际网络与尊重。他说话的时候没有华丽的辞藻，因此也就消除了被误解的可能。

史蒂夫·西姆斯告诉我们，一个有效的沟通者与一个好的说服者并不相同。"布莱恩·库尔茨和乔·波兰曾经说过，容易理解和不产生误解之间有很大的区别，而我不会被人误解。在我回答了任何问题之后，你不可能将我与任何其他人混淆，也不可能误解我的动机、想法、感受、情绪或行为。尊重由此而生。当你去掉过滤器，直切要点，别人对你的尊重就会随之增加。"

要敢于做自己。做与众不同的人，大大方方地展示你的缺点，欣然接受它们，并将它们转化为你的长项。你的独特之处就在于你有能力影响和说服别人，但首先他们需要确切地知道你的目的何在，而且知道你的动机是真诚的。这是一种坦率和诚实的沟通方式，史蒂夫·西姆斯认为正是这种沟通方式让他快速地走向成功。这是他做事情以及如何让别人帮助他完成目标的方法，即使有些事情看起来简直不可能完成。事实上，你也可以这样做：

1.**立即说明你交流的目的**。当你与他人交流时，特别是在寻求他们的参与或合作时，你应该迅速地告诉他们你想要什么。很多时候，人们误解了你要求他们做的事情，因为这些事情的中心丢失了或被冲淡了。

2.**少说废话**。这不仅表明你尊重对方的时间，而且简明扼要也会避免他们质疑你的动机。消除冗长的介绍和解释，用尽可能少的词语表达你的目的。

3.**让他们知道这对他们有什么好处**。人们都有帮助别人的意愿，但他们也想知道自己的努力、时间和/或金钱是否能得到重视。他们想知道，明确表示同意你的要求会给他们带来什么好处。

4.**真实**。当一个人错误地描述了他是谁或者他想要什么时，别人肯定会注意到这一点。通过言语和行动展现真实的自我，你将赢得他人的尊重和信任，这是建立人际关系的两个必要因素。

史蒂夫·西姆斯用尊重、信任和真实三要素建立起了

世界级的企业。"可怕而真实"是他成名的法宝。但当我
们见到史蒂夫时，我们很快意识到，在我们能一探究竟之前，
他是谁以及他成功的秘诀都已经摆在那里了。他意识到，
他的完美之处其实也是他的缺陷。因为这个缺陷，他创造
了一个有吸引力的品牌，并吸引人们来到他的身边，并心
甘情愿地帮助他。这是多么美妙的事情啊！

做你自己——这件事你一定能比其他任何人做得更好。

第九章

发现自己的长项

所做之事，做到最好。

通过这些故事，我们知道了通往成功的过程是一个学习曲线，需要经历不同层次和种类的学习。布莱恩·西多尔斯基要学会如何学习；一些人可能需要学习特定的内容，如某种语言；另一些人可能会走进一个全新的环境——他们需要理解某个社区或某个陌生的国家。就像第一次离开家、第一次走进大学校园一样，这个世界充满了未知和新的体验，我们需要时刻学习。

马卡兰德（马卡）·贾瓦德卡尔习惯了面对陌生的人、地方或事物。马卡25岁那年从印度移民来到美国。在这个陌生的国家，他几乎不得不努力适应生活中的所有事情。

马卡承认，这给他带来了重重挑战。

> 我当时很年轻，之前从未离开过我的祖国。印度总是很热，温度常年在 21 摄氏度到 38 摄氏度。从印度到明尼苏达就像走进了冰箱。这里真的很不一样，非常冷，而我以前从未见过雪。第二个挑战是适应这里的文化。第三个挑战是孤独。美国的家庭结构紧凑，印度则正好相反，我们从来不必害怕搬家。现在，我必须凡事都靠自己，我需要学会开车，习惯自己做饭，这都是我以前从未做过的事情。

想象一下你身处一个完全陌生的国度。大学校园对任何人来说都是一种调整，但对马卡来说，他还面临着巨大的文化冲击。美国的教育系统不同，这里的人也不一样。他不仅要适应，还必须找工作养活自己。他花了一个星期，找到了一份工作。

那是他璀璨职业生涯中的第一份工作。马卡兰德·贾瓦德卡尔可能并不是一个家喻户晓的名字，你可能都没听说过，但他的成就你肯定听说过。马卡在辉瑞公司全球研发部担任了将近 30 年的投资组合管理和绩效总监，在研发抗生素阿奇霉素（Azithromycin）和抗抑郁药物左洛复（Zoloft）方面发挥了重要作用。退休后，他仍然活跃在制

药业，目前在几家公司的咨询委员会任职，还为生物技术 /
制药公司在全球新兴市场地区的推广提供咨询服务。

毋庸置疑，马卡的职业生涯为人称道，他把自己的成
功归因于自己的工作态度。他把这种工作态度也应用到他
的学习、工作和人际关系中。

> 从我在明尼苏达大学获得制药学博士学位到今天，
> 我的工作态度帮助我取得了优异成绩。我努力学习，尽
> 情娱乐。无论我做什么，我都百分之百地投入其中。这
> 帮助我获得了博士学位，也让我在大学里赢得了荣誉，
> 更使我进入人生的下一个阶段，为改善人类健康做出了
> 贡献。这就是我知道我可以有所作为的原因。

马卡说，他之所以有如此强烈的工作态度，是因为他
的家庭背景和他父亲的影响。父亲教导他要谦虚，不要轻
易拒绝挑战，除非这个挑战会完全吞噬他。他接着说，其
实世界上从来没有什么东西可以完全吞噬他。

> 我的出身并不起眼，我的父亲只是印度政府的一名
> 普通职员。我25岁来到美国时谁都不认识。我不得不学
> 习很多东西，我的成功是勤奋和努力的结果。一旦我设

定了一个目标，我就竭尽全力实现它。在这个过程中，我认识到必须拥有一个强大的人际网络。有合适的人在身边——可以交谈和听取建议的人——对我帮助很大。我建立了很好的人际网络，他们都是各自领域的专家。其他行业的人教会了我如何将那些行业的知识应用到制药业。这使得我们能够更快取得成果，这对制药业来说尤为重要，因为你必须保持领先。

迄今为止我学到了很多东西，我建议大家也要维护自己的人际网络。因为只靠自己，你能做的很有限，但如果你学会听取朋友和专家们的建议，你就不必从零开始，毕竟别人已经在相关领域做了很多事情。让你的人生导师和人际关系来帮助你，这将使你始终走在行业的前列。你不仅可以节省实现目标的时间，而且几乎可以百分之百地获得成功。

配制一种新药可能相当具有挑战性。就左洛复这种药而言，找到药物配方是难点，活性成分的物理特性以及如何将其配制成片剂都是难题。马卡必须利用他所有的科学专业知识来实现这一目标。

这绝非一夜之间就能成功。它不仅需要马卡的专业知识，还需要信念的飞跃，需要坚信自己可以做到。从马卡离开印度的老家去追求教育和事业，到他研发出一种价值数十亿美元的药物配方，他所做的一切都离不开这种信念与工作态度的结合。马卡描述了这种信念以及它是如何影响了他的人生："我来到美国后发生的第一次信念飞跃是尽我所能做好工作。我对自己充满了信心，于是我开始一边工作一边编织梦想。一切皆有可能。偶尔我觉得自己在做不可能的事，但我觉得我可以战胜任何挑战。"

让我们来看看马卡的成功路线图：

1. 坚定的工作态度。全力以赴一直是马卡的口头禅。无论他是在学习还是在大学里工作，他都把每项工作当作最重要的事情和必须做好的事情。即使是简单的事情也要做好，这个针对优秀的标准，将影响你的成就。

2. 信心。如果你不相信自己能做到，你可能就真的做不到。实现的困难或复杂的抱负尤其需要信心，但这种信心恰恰会见证它的成果。

3. 强大的人际关系网络。你不仅需要一个强大的人际关系网络，而且还需要去维系这个网络。你建立的关系将对各方都有好处。选择比你更有经验的人，向他们学习，并将学到的东西应用于你所在的领域。

马卡提醒我们，虽然与合适的人建立关系十分重要，但你也必须为他们提供价值。

你身上的特质会吸引别人来到你身边，了解自己的独特之处至关重要。如果你能认识到自己的特性，你就能战无不胜。我利用了自己身上的这种特性，然后把宝贵的经验送给其他人，我们就能取得更大的成就。与合适的人交往会帮助你连点成面，这是真正的钥匙。如果你帮助别人实现了目标，那也是你的功劳。他们的成功，也是你通往幸福的钥匙。

马卡在职业生涯以及现在的退休生活中为成就他人做出了贡献。在辉瑞公司工作时，他在开发改善人类生存状况的药品方面发挥了作用，他对大众和制药业的贡献证明了他的工作态度和原则大有裨益。他尽其所能建立起的阅历使他在全球范围内成为极具价值的顾问。

把简单的事情做好。这是美国职业棒球大联盟经理乔·麦登坚守的人生信条。时隔108年，它使芝加哥小熊队再次卫冕世界大赛冠军；它使马克从一个来自外国的年轻移民成为左洛复和阿奇霉素等药物的研发者。这条原则能否对你也产生影响？

把简单的事情做好。

第十章

了解赛道

活着就要工作，但活着不只是为了工作。

马卡兰德·贾瓦德卡尔钟爱医药行业，至今仍然活跃于此。自 2010 年退休后，他继续在医药咨询委员会任职。选择继续深耕于此需要的不仅仅是"保持忙碌"的愿望，更重要的是对工作的热爱。事实上，有很多人选择在退休的年纪继续从事他们的事业。你可能听说过这些音乐家：米克·贾格尔、托尼·班尼特、布莱恩·威尔逊、保罗·麦卡特尼和鲍勃·迪伦，他们在过了 70 岁这个里程碑的年纪之后，仍然选择登上舞台或出入于录音室。

对这些音乐家来说，他们的事业和生活不可分割。事业已经融入他们的灵魂，所以他们选择继续工作，即使他们已经没有必要继续下去。我们想知道这种终生奉献和知足乐业的秘诀是什么，我们于是找到了践行这种人生态度的人。

鲍勃·邦杜兰特是一名职业赛车手。只要赛车还能跑，他就不会停下来。18 岁时，他就在洛杉矶的泥泞赛道上驾驶印度产的摩托车风驰电掣。很快，跑车随之而来。1959 年，鲍勃在西海岸"B"级车锦标赛上获胜，并赢得了年度科尔维特车手奖。在 1960 年至 1963 年间，他参加了 32 场比赛，赢了其中的 30 场，战绩斐然。

1963 年，他赢得了河滨大奖赛，1964 年，他在勒芒 24 小时耐力赛中赢得了 GT 组的冠军。他是第一个也是唯一赢得世界跑车锦标赛的美国人。他在 10 场比赛中赢了 7 场，一战成名。

不久之后，鲍勃的成功引起了法拉利的关注，并邀请他在首次沃特金斯格伦大奖赛上亮相，于是他成了法拉利一级方程式车队的一员。他甚至引起了好莱坞的关注，他们聘请鲍勃·邦杜兰特为詹姆斯·加纳主演的电影《大奖赛》担任驾驶顾问。

一场事故结束了鲍勃精彩的赛车生涯。在时速 150 英里的情况下，赛车的一个转向臂断裂，导致鲍勃的车落地翻滚了 8 圈。他的腿、背、肋骨和脚都严重受伤，医生告诉鲍勃，他不可能再走路了。

鲍勃用行动证明医生的判断是错误的。重新站起来以后，他不得不决定该怎么过好接下来的生活。还在病床上的时候，他顿悟到，既然自己喜欢教演员驾驶汽车，为何不开办一所驾校呢？ 1968 年的情人节那天，鲍勃·邦杜兰特高性能驾驶学校开业了。

学校的开业并没有在一夜之间造成什么轰动效应，第一个班只有 3 名学员。下一个班级的人数更少：2 名学员。但他们都不是普通的学生——鲍勃的学员包括演员罗伯特·瓦格纳和保罗·纽曼。他们和詹姆斯·加纳一样，都是为了在电影中扮演好角色而来此接受训练。随着学校的发展，学校得到了业界的认可，也得到了福特汽车等公司的支持，这些公司愿意为鲍勃的学校提供教学车辆。

如今，鲍勃拥有专门建造的驾驶员培训设施和 200 多辆汽车，其中包括轿车、SUV 和敞篷车，这些车都是为比赛而准备的。鲍勃已经 80 多岁了，他不仅教授学员，还参加老式汽车的赛事。他的职业生涯完美诠释了度过如此漫长而充实的一生的方法。

"活着就要工作，但活着不只是为了工作。"当你热爱你的工作时，它就不仅仅是一份工作。鲍勃积极地参与学员培训和各种比赛，他的脸上总是挂着微笑，这证明他享受工作中的每一分每一秒。热爱你的工作并不是事业的要求，但它肯定是一个优势。热爱自己职业的人更有动力，更有生产力，也更有成就感。他们享有更健康的心理，而且从某些方面来说，身体也更健康。据说，他们也是更有效的领导者和老师。

鲍勃·邦杜兰特喜欢赛车，这是自该学校 1968 年开办以来，他能教出 50 多万名学员的原因。将改变事业和生活的挫折转化为成功并非易事，因此我们询问鲍勃他是否对自己有过怀疑。

> 我当时在想，该死，我现在能做什么呢？也许我可以开办一所学校。反正我必须以某种方式谋生，如果我不能走路了，我总得需要做些什么。在大约两三天的时间里，我在一张纸上写下了将如何开办学校——汽车、零件以及我所能想到的一切。我需要赞助商，所以我把计划放在一边，好一段时间都没再看它。

这个想法深深地印在了鲍勃的脑海里，那张纸并没有被放置太久。鲍勃一克服伤痛，就启动了他的计划。他把自己能够做到这两点归功于积极的心态。他没有为自己的伤势或不得不结束经验丰富、价值非凡并无比喜爱的职业生涯而叹息，而是选择了继续做他所喜爱的事情，只是换成了另一种方式。

　　鲍勃在赛道上取得成功所运用的哲学，也是他创建和发展培训学校所运用的哲学。我们问鲍勃如何才能成为顶尖赛车手。他的回答很有启发性。

　　"了解你的赛道。练习就有回报。"为比赛进行练习时，鲍勃会一遍又一遍地行驶在赛道上，直到赛道烂熟于心。"我们通过练习了解赛道，就有机会赢得比赛。"在任何业务中，你必须很好地了解你的产品、服务和客户，你必须知道它与其他产品有什么不同或优势。练得越多，学得越多，你就越能提供值得称赞的业绩或服务。这是冠军的追求——你必须了解赛道，就像冠军一样。

　　然后，鲍勃分享了另一个他至今仍在实践和教导的哲学。

　　"总是看向你想去的地方。"如果你不看前方，你就无法直线行驶。滑雪的时候，你也必须看着前方，否则就会摔倒。任何事情都是如此，除非你盯着那个方向，否则就无法到达你想去的地方。你必须提前看到拐弯，以便能够在过弯时保持平衡。

　　看向你想去的地方还有一个好处，这将让你发现道路上的任何障碍或风险，使你有足够的时间做出必要的调整或机动措施，以防遇到可能使你减速，或者迫使你停车并退出比赛的障碍物。

无论是在绕过下一段路或弯道，还是在到达终点的时候，你都要盯着奖杯，盯着你梦寐以求的令人垂涎的奖杯。

毫无疑问，鲍勃了解他的赛道，他知道通往成功的道路在哪里。这是一种爱的劳作，他不认为自己是在工作，而是在过自己热爱的生活。他的哲学使他收获了漫长的职业生涯。在他刚接触赛车时，赛车只是一小部分人能享受的消遣。从他开办学校的那一天起，赛车变成一项异常火爆的运动，吸引了数百万追随者。虽然你可能不会在方向盘后面看到鲍勃，但他却是你在赛道上或银幕上看到的许多赛车手背后的人。鲍勃 7 次入选赛车名人堂。现在 80 多岁了，他仍然是不可战胜的冠军。

眼睛总盯着你想去的地方。

第十一章

不断前进

进步不是直线前进，而是爆发式增长。

1968 年，鲍勃·邦杜兰特开办了他的驾驶培训学校。让我们快进 20 年，来到 1988 年。这一年，海滩男孩（The Beach Boys）正在音乐界掀起轩然大波；你只需 849 美元就可以购买一台带有彩色显示器的阿米加电脑（Amiga）；而美国国家航空航天局（NASA）刚刚发射了探索太空的哈勃望远镜。尤其是对美国国家航空航天局而言，1988 年发生了很多事情。同年，美国国家航空航天局决定恢复其航天飞机计划，此时距离"挑战者号"航天飞机爆炸中 7 名宇航员丧生仅过去两年半。美国国家航空航天局开始再次改变历史进程时，它前进的势头不容忽视。这一年，沃尔特·奥布莱恩只有 13 岁。

我 13 岁的时候觉得自己很了不起，因为我懂基本编程，这是我在家里的阿米加电脑 Commodore 64 上自学的。当时我最大的成就是写了一个笨拙的小程序，能显示一架绘制粗糙的航天飞机在一团像素化的烟雾中腾空升起。

关于有远见的人，我们已经进行了讨论。沃尔特是一个真正有远见的人，一位未来主义者。他的头脑以闪电般的速度理解和剖析着周围所发生的事情，他利用这些信息来了解人类的未来……但这只是他在空闲时间里所做的事。他的日常工作更加紧张和复杂。他的蝎子计算机服务公司（Scorpion Computer Services）是世界领先的计算机科学和人工智能应用公司之一。他的技术、情报和安全服务拯救了世界上许多我们从未听说过的角落里的生命。他本人经常在电脑前连续几天不眠不休，确保一切按预期进行。他操作计算机而不是机枪，在世界各地行动以挽救无数生命。

1988 年，沃尔特创办了蝎子计算机服务公司。如果有人能够在 13 岁的时候开展安全服务业务，那就只有沃尔特了。9 岁时，他在智商测试中得了 197 分，被老师视为神童。16 岁时，他在爱尔兰全国高速计算机问题解决比赛中夺魁。

18 岁时，他参加了世界信息学奥林匹克竞赛，并且是世界排名第六的程序员。他童年和青年时期的成就令人赞叹，他在英国苏塞克斯大学获得计算机科学和人工智能荣誉学士学位也同样令人印象深刻。沃尔特 18 年间取得的成就比大多数人在整个人生中取得的成就都要多，而他并没有就此止步，他的成就清单还在不断变长。

美国国土安全部认证他的公司符合美国的国家经济利益，并授予沃尔特"非凡能力"EB 1-1 签证（同样被授予此类签证的还有阿尔伯特·爱因斯坦和温斯顿·丘吉尔）。他经常受邀在国际电气电子工程师协会（IEEE）发表演讲，并在全球最大的创意孵化中心创业者学院（Founder Institute）担任导师。他曾与世界上最大的共同基金公司以及富士通、微软－塔多思、甲骨文公司、巴尔的摩科技公司和关键路径公司（Critical Path）开展过合作。沃尔特还担任了休斯敦技术中心、软件解决方案公司（Strike Force Solutions）、管理咨询公司（Talentorum Alliance）和云计算法律解决方案公司（Law Loop）的主席。幸好他晚上不需要太多睡眠，我们也不确定他什么时候还有时间睡觉。

哥伦比亚广播公司（CBS）决定将沃尔特的生活改编成一部电视剧，沃尔特亲自协助导演拍摄。电视剧就叫《天蝎》，这也恰好是作为黑客的沃尔特的名称。来源于现实的故事是最好的，真相往往比小说更有趣。当哥伦比亚广播公司决定拍摄《天蝎》并以计算机天才沃尔特为原型时，对此表示怀疑的人也很多。任何伟大的成就都伴随着重大的责任，至少还有一些仇恨者的反对。对于沃尔特来说，在一个通常是绝密、伪装并大部分不为外人所知的空间里工作，几乎容不得半点吹嘘，墙上也没有任何奖牌或证书。沃尔特只能向他的对手和怀疑者们微微一笑。

在了解了沃尔特的生平并看到他惊人的成就清单后，我们知道他肯定运用了某种哲学，才能过上如此精彩的生活。如果仔细观察，你会发现沃尔特的生活方式显而易见。他秉持不断前进的理念，多年来专注于各项任务以达到专家水平。

在我们的采访中，沃尔特对我们说："进步不是直线式的，而是爆发式地增长。"他真正要说的是，随着我们加速前进，增长变得越来越快，而不是每天或每周增长相同的数量。进步不是直线的，谢天谢地。是的，缓慢而稳定能赢得比赛，但在我们当下这个快节奏的世界中，快速迭代是取得成功的关键。如果我们将沃尔特的理论应用到生活中，就能看到一些不可思议的事情。随着时间流逝，沃尔特的成就增长如此惊人，以至让人无法衡量。在一段相当长的时间里，始终如一地专注于一件重要的事情，这很有必要。

根据微软公司 2015 年的一份报告，新一代年轻人的平均注意力持续时间为 8 秒，这真令人担忧。2000 年，这个数字是 12 秒。这意味着我们现在的注意力持续时间比金鱼还要短 1 秒。为了能够长时间地集中注意力，你必须训练自己的思维以便参与合作。

影响演变

我们发现，关于增长是指数型的说法是多么正确，特别是当我们把这个理论应用到人类的进化中的时候。总体而言，增长会随着发展而加速，唯一减缓增长的是我们的采用曲线。采用曲线是我们采用、接受或适应新的增长、想法和变化所需的时间。人类倾向于抵制变化，这会大大减缓我们的采用曲线。

人类生性多疑，借此抵御可能挑战日常生活的变化。我们的大脑无时无刻不在质疑每一点变化，以确保不会被迫改变或牺牲舒适感以换取这种可能的新增长。变化是可怕的，因为它通过干扰自主性迫使我们进入一种意识状态，迫使我们放弃一定程度的控制。缺乏控制会引发恐惧，这导致我们的防御系统运转起来进行抵抗，有时甚至开启"战斗或逃跑"模式。

当对这种改变发生抗拒时，表面之下有更多你可能没有意识到的事情正在发生。你看，在你试图决定即将发生或正在发生的变化是否可接受时，你的人脑正在处理变化的另一个完全不同的面向。变化总与人有关，因为改变是人的杰作。

无论何时何地，我们总把生活中的一切都个体化。

当我们将改变与生活联系在一起时，大脑实际上正在试图弄清楚这种改变是否会挑战我们。例如，"如果我接受某技术，我能跟上吗？我的技能足以应付，还是已经过时了？"

优步就是一个很好的例子。优步刚成立时遭到了反对者的抨击。他们非常不满，有一千个理由认为优步经营不下去，他们都希望优步倒闭。呼声最大的人是那些因为优步而失去利润和权力的人，他们特别生气，也许是抱怨为什么他们自己没有首先想到这个好主意。现在优步已经变成了一家家喻户晓的公司，每个人都知道优步，优步已经成为可行且可靠的交通出行方式选择。

从优步上市到我们不再怀疑其可行性，所花费的时间就是我们的采用曲线。在这个特定案例中，曲线时间不到7

年。如果回顾历史,你会发现随着增长和进化加速(指数级),这个曲线时间变得越来越短。

随着采用曲线变得越来越短,我们需要更加专注并看透事情的本质,这样我们才能在这个世界上,甚至在我们自己的生活中保持竞争力。成功取决于我们如何应用这种曲线时间和精力。基于对避免改变的认识,人类的确是习惯的生物。这是我们可以利用的优势——养成日常习惯,帮助我们保持长期专注和决心。在第一章中,约翰·阿萨拉夫指出,在生活中养成一个习惯需要 56 天。如果我们可以利用这些知识来培养有助于实现长期目标的习惯,成功也将呈现出指数级增长。

亚里士多德教导我们:"每天反复做的事情造就了我们。因此,卓越不是一种举动,而是一种习惯。"

习惯养成

在生活中养成习惯并不容易。当然,如果这个过程轻而易举就能完成的话,那么每个人都会去做,每个人都能实现自己的梦想和为自己设定的任何目标。计划说要在生活中养成习惯当然简单,但要坚持下去并不容易。接下来我们就来讨论这个话题。

关于自律、动机和习惯的养成，现在已有数十年的研究和科学证据。基于此，我们知道需要采取非常具体的步骤才能成功地将习惯融入生活以帮助我们实现目标。让我们从以下步骤开始：

1. **消除分心**。前文已经探讨了在这个忙碌、嘈杂的世界中，分心所导致的负担。如果任由其发生，你会很容易迷失目标。

2. **消除负能量**。没有什么比总有人不停地打断你前进的步伐更让你感到困扰了。我们会吸收周围人的能量，如果能量是负面的并且不断地让你失望，你将永远不会成功。你周围的人和你设定的目标一样重要，因为他们有帮你站起来的潜力，也会导致你不停地跌倒。

3. **先大后小**。就像拼图一样，你的"大目标"由几小块组成。一旦你设定了远大的目标，就应该把它分解成一个个可以实现的小步骤，完成这些小步骤会让你离宏伟计划越来越近。

4. **制订计划**。每日配额是你成功之路的必要组成部分。配额是你总目标的一部分，换句话说，是你大目标中的一小部分。每日配额是你每天必须完成的最低工作量，以此来实现你的"整体目标"。

5. **使用 3R 模式养成习惯**。提醒（reminder）、惯例（routine）和奖励（reward），三要素可以帮助你养成良好的生活习惯。

a. **提醒**。如果你想培养新习惯或改掉旧习惯，首先必须提醒自己定期做某些事情。大多数人可能会说，形成新惯例（然后是习惯）的关键完全在于自我控制和意志力。但这与事实相去甚远。你必须首先找到契机，这能帮你形成新的惯例。

b. **惯例**。采取行动，遵循提醒，坚持到底。

c. **奖励**。奖励是新习惯或遵循惯例带来的收益。也许它会使你更快乐、身体更健康，或者生活更有条理。无论奖励是什么，它都会鼓励你继续养成习惯。

生活是习惯的总和，而幸福是习惯的结果。你的成功水平取决于你的习惯，你的健康水平也是习惯的结果。最终，你反复做的事情会塑造你这个人，支配你所相信的事，并塑造出你的个性。行为心理学的研究已经证明，这些固定的模式和过程养成了习惯。

实施意图

所有这些步骤都很棒，但是如果你无法实施自己提出的习惯和惯例，就会陷入困境。实施意图是一种策略，可帮助你凭借动机和坚持实现目标。

实施意图的工作原理是选择你的日程安排或一天的常规部分，并将另一个"链条中的一环"附加到你已经形成的习惯上。让我们举个例子。假设你每天坐在办公桌之前会先去冲一杯咖啡并查收邮件。这是你每天的例行惯例。但是你决定要让自己的工作空间变得更加井然有序。现在，实施意图开始发挥作用，你应该说："我进到办公室之后，要先去拿咖啡、看邮件，然后整理办公桌。"你正在将新习惯添加到现有的习惯之上。

科学一次又一次地向我们展示，这些有迹可循的线索确实有效。用此策略，你可以适时调整，从而更好地实现总体目标，并更频繁地改变行为和习惯。简言之，这个策略能让你掌控自己的命运，以及实现整体目标的步骤。

如果你说"我想要有一个更加井然有序的工作空间，我要更频繁地清理它"，但你并没有制订任何明确的、可操作的步骤来帮助你实现目标。这也是很多人无法实现目标的一个主要原因。他们知道自己想要什么，但在实际生活中并没有明确的方法予以实现。记住，人是习惯性动物。通过将目标步骤建立在现有习惯的基础上，成功的机会就会大大增加。

一旦你在心里创建了一个清晰而简洁的计划，你的目标和实现它所需的步骤就会变得清晰和自然。这能让你更好地关注、记忆和感知整个大局。为了达成想要的目标，你会采取一系列小步骤跟进。当你进行预测时，步骤变得清晰和自然。这些步骤不再需要特意设计，这意味着你的大脑不再认为这些步骤是变化，于是也就停止了抵制性的反应。

在第二章中我们讨论了宏观目标。把目标和"为什么"一起写下来，随身携带作为每天对自己的提醒。当你觉得自己可能偏离了正轨时，这将对你有所帮助。如果你能把"为什么"当作每天工作的重心的话，你成功的概率就会加倍。

谨慎选择你的习惯，因为正如约翰·德莱登敏锐地指出的那样——
"人养成习惯，习惯塑造人。"

一旦你实现了远大的目标并采取了上述步骤，就可以走上寻求精彩生活的道路。唯一能阻止你的是你自己。自律与否和你愿意付出的努力将决定你生活的结果、能否成功以及实现整体目标的能力。

长时间重复做任何事情都会形成习惯。做一次有意义的事情容易，谁都可以做到。在工作中支持一个好的项目、徒步行走为募捐活动出一份力、为有需要的人提供力所能及的帮助……但在一段时间内维持这些行动却总是困难重重。唯一可以有效地做到这一点的方法是创建一个惯例。在推行惯例中有意识地重复动作，可以让你进入一种节奏，持续下去就会成为一种习惯。我们对惯例并不陌生。尽管一开始的时候可能会有所抵触，但当我们有意识地将习惯和惯例融入生活时，生活立刻就会变得好起来。

26岁那年，温斯顿·丘吉尔很高兴终于能离开军队，因为他希望"不受纪律和权威的束缚，在英国展现完美的独立性，希望没有人给我发号施令或用钟声或号角声把我吵醒"。但他从来都没有取消他的日常安排或者惯例。他只是创造了一个他喜欢并坚持下去的惯例而已。我们从一位访问丘吉尔并帮他写了传记的研究人员那里获得了深刻的见解，他说："丘吉尔的生活很有条理，几乎就像时钟一样。他对日常生活有绝对的控制权。他每天都非常严格地执行自己的时间表。一旦时间表被打破，他会变得非常激动，甚至大发雷霆。"

我们知道，在生活中养成一个新习惯需要56天。因此，在很长一段时间内持续努力的最好方法是，以60天为一个增量来接近这个过程。把它设置到你的日历上，因为日常生活中的提醒能促使你采取行动。在每 60 天的增量结束时，抽出时间来重新评估一下自己的小目标和大目标。利用这段时间重新评估每日配额，并选择一个新的习惯。如此一来，你已经开始使用实施意图策略并将其融入生活中了。该过程已被证明是有效的，执行它能获得最佳的结果。无论你做什么，持续前进并不断努力是沃尔特通往成功的魔法钥匙之一。

至于沃尔特·奥布莱恩的下一个宏大目标，他会告诉你，但请记住——

生活是习惯的总和，幸福是习惯的结果。你的成功水平取决于你的习惯。

第十二章

竭尽全力

明确目标并加倍努力，一切终将水到渠成。

拿破仑·希尔重塑了数百万人的生活。他的研究不仅揭示了成功的路径，还揭示了幸福的原理。布莱恩·西多尔斯基之前强调说，每次阅读希尔的《思考致富》，他都会多赚 100 万美元。

哇！这真是一本罕见的有影响力、有见地、能够改变人生活的好书。这是有史以来最畅销的关于个人发展的书籍，能传达如此深刻信息的作者寥寥无几，令人敬佩。我们想找到那些真正践行这本书中各条原则的人，但我们发现了更有趣的事情，我们找到了传授这些原则的人。

40 年前，在印度长大的萨蒂什·维尔玛来到北美。当他还是孩子的时候，他的母亲苦苦挣扎支撑起整个家。虽然家境贫苦，但他的母亲有一样东西很充沛——乐观。在萨蒂什的童年时代，她一直与他分享这种乐观精神，不断地提醒他：事情会越来越好。

他选择相信她，但他知道，为了让事情真正变得更好，他必须接受教育。他在加拿大的一所大学获得了学位和奖学金。从那里开始，他一步一步地取得了成功——相当大的成功。

萨蒂什坦承自己曾经赚了很多钱。但由于投资不善，他一夜之间失去了所有财富。不仅如此，他还欠了银行50万美元。他负债累累，没有工作，还要养活妻子和两个孩子，唯一的出路是申请破产。

他在不经意间听说了一门课程，这激起了他的兴趣。他想参加，但他的账户中只有500美元。他要选择要不要用其中的300美元注册课程。直觉告诉他应该参加这个课程。

在我生命中艰难的这段日子里，我做出了一个"愚蠢"的决定，将我最后的积蓄花在一门名为"成功科学"的课程上。这门课程就是基于《思考致富》这本书而开设的。大家都嘲笑我，说我是个傻瓜，因为我参加了这门课程而不是找份工作来养家糊口。

当时只有一个人信任我，并告诉我参加这门课程将是我一生中做出的最好的决定。他说当我再次成为一个成功快乐的人的时候，我就会知道从"成功的科学"中获得的知识是多么有价值。"你一直都是赢家，而且永远都是"，他这样告诉我。"这次财务上的逆转可能是你遇到过的最好的事情"，他告诉我，当我再次成功时，我应该告诉大家，不要听从那些在困难时期让你泄气的反对者的话。他还让我向他承诺，当这种哲学给我带来心灵的平静和幸福时，我要将成功的科学教给其他人，让他们也能学会摆脱束缚，按照自己的想法以惊人的力量达成目标。

萨蒂什在"成功科学"的课程中学到的第一课改变了他的生活。这节课的主题是"目标明确"。他有一个目标——每个人都告诉他在破产后大概需要6年才能恢复信用，但萨蒂什却想在6个月内摆脱破产。而事情就这么发生了。他将自己迅速扭转局势的能力归功于他在基于拿破仑·希尔所著《思考致富》的"成功科学"课程中学到的原则。

此外，他信守了向其他人传授成功科学的承诺，并从拿破仑·希尔基金会获得了向所有害怕失败、贫困和批评，被失败困扰的人传授这一哲学的权利。缺乏自信的人只是不知道他们内心潜藏着什么样的力量，这些人只需一个刺激就可以被重新点燃。只有这样，他们才能再次过上有目标的幸福生活，并且成就自己的人生。

在所有人都不相信他的情况下，那个仍然相信萨蒂什的人是谁？我们向他询问，他为我们隆重地做了介绍。

> 我想向你介绍这位伟大的人物，是他让我拥有了现在的成就。这个人就是我内心的声音，我的精神，我的希望，我的梦想，就是另一个自我。一旦你发现了另一个自我，通往各种可能性的大门就会向你敞开。当你内心的声音告诉你做某事时，不要等待——去做吧，无限的机会正在等着你。

从萨蒂什那里，我们知道了阻碍我们前进的最大挑战就是我们自己。当目标遭遇瓶颈或落空时，内心的声音要么支持我们坚守目标，要么阻止我们继续前进。正是害怕做出错误的决定，让我们根本无法做出决定，我们称之为分析的瘫痪。有时，做"正确"的事情根本就不是正确的选择。有时，我们必须冒险走出我们的舒适区，放下对自己的期许，释放所有引导我们解决问题的机会。

萨蒂什绝不会后悔。他不仅接受并应用了成功科学背后的原则，而且还把它们作为自己的目标。他获得了在加拿大教授该原则的权利，希望有一天他也能获得在美国教授这些知识的权利。当机会来临时，他毫不犹豫，他听从了自己发自内心的声音和建议，然后一飞冲天。

　　莎士比亚是英国文学大师，而我所信仰的哲学是个人发展中的"莎士比亚"。塑造我们世界本质的人，如托马斯·爱迪生、亚历山大·格拉汉姆·贝尔和阿尔伯特·爱因斯坦，是他们塑造了这种个人发展哲学。

这些原理极具吸引力，但更有趣的是它们影响思维的方式。除非人们了解自己的思想是如何受到影响的，否则他们的生活将循规蹈矩，无法改变，而这不是他们想要的。根据萨蒂什的说法，研究和实施成功科学背后的原则取决于你自己。

　　你能够成为心中期待的人，你可以拥有任何你想要的东西。唯一阻止你的人就是你自己，因为你没有采取措施让这一切发生。不仅需要参加各种培训班，你还需要激情和行动。人的心灵广袤无比，没有什么是心灵无法承受的。所以，重要的不是心灵，而是你的想法的大小。

出于好奇，我们请萨蒂什与大家分享如何才能成为心中期待的人，做想做的事或拥有自己想要的东西。他将其分解为 3 个简单的步骤：

1. 知道你想要什么。

2. 有一个计划。

3. 如果该计划失败，请尝试另一个计划。

听起来很容易，不是吗？让人无法反驳。我们都知道，坚持不懈地追求目标就会带来进步。正如本书前面所提到的那样，在托马斯·爱迪生发明灯泡之前，他经历了一万多次失败，但他并不害怕失败，他一直专注于此，而且他知道自己一定能成功。爱迪生发明灯泡需要坚持不懈的努力，而这种坚定的意志和目标需要强烈的愿望，愿望的大小会产生不同的影响。愿望必须强大到失败不会阻止我们尝试才行。爱迪生的愿望是如此之强大，以至于它照亮了整个世界。

"你的愿望应该炽热到能够超越世间的一切。它要成为你的一部分，就像被刻在你的脑子里一样。当你处于那种状态时，你不可能不成功。"萨蒂什解释说。像托马斯·爱迪生一样，萨蒂什在追求超级成功的事业时也没被吓倒。他已经跌入谷底，因此他学到了很多知识。他知道失败不会是人生的永久状态。

我不怕失败。当我开始教授成功的科学时，我对这种哲学还不熟悉，当时只有一个人出现在我的研讨班上。对我来说，这不是失败。他是我见过的最伟大的观众！我成功与否不是由参课人数的多寡来定义，而是由我对这些座位上的人所产生的影响来定义。

多么乐观的态度！毫无疑问，如果这种情况发生在别人身上，处于同样情况的其他人肯定会放弃并投降认输。但对萨蒂什来说却并非如此，他说，秘密全在于我们的心态。

大家所面对的问题都微不足道。人们问我是如何摆脱破产的，问我的动力是什么。我意识到我比问题更强大。既然是我导致的问题，我就可以解决这个问题。没有什么比你强大。你可以拥有任何你想要的东西、做你想做的事或成为你想成为的人。不要相信有什么会限制你；限制根本不存在，除非你给自己设限。如果恐惧可以存在于你的脑海中，成功也可以。用信念——对你自己能力的绝对信念——代替恐惧。没有人真的失败过。当只有一个人出现在我的研讨班上时，我并没有失败。人只有在看不到同等或更好的收益时才会失败。

显然，萨蒂什是传授拿破仑·希尔成功原则的最佳人选。事实上，他传授给我们的这些原则早已存在，它们被大家反复地发掘。拿破仑·希尔通过成功人士的实际例子重新发现了它们。萨蒂什现在正在把它们传授给下一代，使它们在年轻人的世界中继续得以理解和应用。

有什么比传授拿破仑·希尔原则的人更适合启发我们了解成功的特殊秘诀？我们知道希尔的成功秘诀共有17条，但我们很想知道其中的哪一条最强大，如果我们只想应用这些原则中的一条，那么我们应该选择哪一条。

萨蒂什坚信希尔所有的原则都应该得到践行。如果一定要精简的话，他认为推动成功之轮前进的两个因素分别是：明确的目标和竭尽全力。

有明确的目标并竭尽全力，辅之以积极的心态、和善的性格，以及对自己的信心。设定明确的目标，并深耕于此。当设定了人生的目标之后，你只有一个原则需要实践，那就是竭尽全力。正如拿破仑·希尔所说，装满财富的金罐子不在彩虹的尽头，而是藏在努力的背后。如果你持续不断地竭尽全力，并且保持谦虚，你的内心和灵魂就会得到滋养。这是最强大的原则，也是我们建功立业的途径。当你加倍努力时，其他原则就会自动得到落实。

无论是获得财富、开办企业还是摆脱债务，总之你需要有个明确的目标。然而，正如拿破仑·希尔所说，这个目的必须是明确的。在你寻找目标和实现目标之前，你需要知道你想要什么。你可能对自己的目标有疑惑，目标偶尔也会动摇，承诺和热情也会如此。在这种情况下，你可能是缺乏实现目标所需的欲望和动力。

一旦有了明确的目标，你就要小心了。它成了你的动力，将影响你做出的每一个决定和采取的每一个行动。你只需全力以赴、竭尽全力，其他关于成功的原则都将轻松实现。

为什么竭尽全力如此重要？竭尽全力意味着超越预期，付出比预期更多的努力。我们知道，成功人士都愿意做别人不愿意做的事，这是成功企业家们的共同特征。当你竭尽全力时，将再次证明你也愿意做别人不愿意做的事。

根据拿破仑·希尔的总结，竭尽全力的好处包括：

· 让你变得举足轻重。

· 心理成长和生活技能的改善。

· 工作保障和晋升／加薪。

· 通过对比法则，你比其他人更具吸引力，更引人注目。

· 个人主动性更强。

拿破仑·希尔表示，竭尽全力的最大好处是它为你提供了要求额外报酬的唯一理由。这是有道理的，如果你只做了与报酬相应的工作，那么你就只值付你的相应报酬，绝不可能得到更多。我们都听说过"那不是我的工作"或"按照工资标准，我只工作到 5 点"之类的陈词滥调。当下班铃声响起，人们急着离开工位时迸发出了一天中最强劲的力量。这些人可能有明确的目标，但他们不愿意全力以赴，因此不太可能找到他们的金罐子。

有很多人都是坚持"竭尽全力"的原则脱颖而出的，地位也由此提升。萨蒂什就是其中之一。他的目的明确，那就是在短短 6 个月内摆脱破产，而不是像大多数人那样花费六七年。目标如此宏伟，他一点也不能动摇。只要一分钟不去关注目标，就会使他踌躇不前，耽误他获得成功。但他做到了，因为他竭尽全力。他不仅学习了成功的哲学，而且还应用了这些哲学。他把这些成功哲学当作人生的信条，而且开班授课，将其传授给别人。他付出努力，竭尽全力，每一分钟都致力于实现目标。

为了实现这个目标，萨蒂什设定了另一个目标——获得在加拿大、美国和其他地区教授拿破仑·希尔成功科学的权利。他实现了每一个目标，并且随时准备不惜一切代价去实现它。萨蒂什的成功可以直接归功于他竭尽全力，他是一个与成功哲学相伴的人。

一个名叫弗兰克的年轻人在一家商店里工作。在一次促销活动中，他注意到有些商品没能销售完。于是他主动将它们收集起来，并将它们摆放到每个顾客都可以看到的地方。此外，他将这些物品的价格降低 5 美分或 10 美分，以便能尽快将它们销售出去。这样做真是太机智了，把柜台后面卖不出去的东西以较低的价格卖出。客户喜欢优惠的商品，更重要的是，弗兰克意识到他正在帮助实现某个目标。弗兰克所做的比预期的更多，并且主动去验证他的想法。他不仅帮助雇主推销了商品，而且还意识到顾客光顾折扣店的需求，这就是后面要讲到的"五美分折扣店"模式。20 岁的弗兰克日后成为零售巨头和伍尔沃斯公司的创始人。他当时如果不愿意竭尽全力，就永远不会找到那个属于他的金罐子。

你的金罐子在哪里？为了找到它你愿意做些什么？

第十三章

改变自己的世界

你可能无法改变整个世界，但你肯定可以改变自己的世界。

每个人都有上天赐予的礼物和人生的目标，这一点确信无疑。你选择用这些礼物做什么，你是否能找到自己的目标并努力实现它，这取决于你自己。每天与你打交道的大多数人都浑浑噩噩地过着没有目标的生活。他们从不制订目标，而且谁也不可能实现根本就不存在的目标。这些人从事着他们讨厌的工作，与他们漠不关心的人在一起，在没有感情投入的公司里熬日子。这种生活方式有百害而无一利，所以不难理解为什么有这么多人活得不开心、不快乐。

我们希望能帮你避免那种没有目标、没有激情，日复一日郁郁寡欢的生活。到目前为止，本书的每一章都给你提供了一把魔法钥匙。这些钥匙来自那些有坚定人生目标的人。这是他们的指导原则，你也可以将其运用到你自己的生活中，以便获得有益的结果。我们将向你介绍丽塔·达文波特，一位来自美国南方的幽默女士。

丽塔在田纳西州长大，幼年时她的生活十分贫困。当人们问她是否知道自己贫穷时，她总是真实地回答："我当然知道。"她接着说："我很穷，但我不蠢。"她的家庭一直无法打破赤贫这个魔咒，但丽塔注定要打破这个恶性循环。她把贫穷视作生活中小小的不方便而已，她要做的就是克服这种不便，过上富裕、有目标和充满欢笑的生活。

6岁的时候，丽塔的姨妈用饲料袋给她做了一条裙子，这条裙子成了丽塔的最爱，她穿着裙子到处炫耀。唯一的问题是，丽塔说话时不仅有浓重的南方口音，而且她还有语言障碍。她竭力想说"饲料袋（feed sack）"，却说成了"希德·萨克（theed thack）"，于是大家就把这当成她的绰号。现在的她当然不用再穿饲料袋做的衣服了，但她从来不曾忘记自己的那段经历。这也促成了之后的故事和旅程，因此她才有了今天的成就。

丽塔以她早年的生活为动力，用她的幽默感和积极态度创造了真正了不起的生活。似乎她碰过的任何东西都能变成金子，或者这只是因为她总能赋予任何东西以积极的意义。丽塔认为她的幽默感是帮助她建立梦想生活的最大资产。不仅如此，她还利用幽默感去触动他人，帮助大家获得他们期待的生活。

1991—2011 年，丽塔担任了个人护理用品直销公司阿尔邦尼国际有限公司（Arbonne International Inc.）的总裁，期间该公司的销售额增长超过 9.86 亿美元。是的，你没看错……近 10 亿美元的销售额。在担任阿尔邦尼公司总裁期间，她获得成功的方法是把公司变成一个促进个人发展的平台。在这里，每个人都可以找到自己最好的一面，然后成为最好的自己。她的方法奏效了。在阿尔邦尼内部，人们对她从内到外改变公司的做法赞不绝口。不仅如此，她还改变了很多人的生活，那些有幸认识她的人都说他们永远不会忘记她对他们的影响。

这还不是全部，丽塔在生活中实现了一些惊人的目标。她曾与约翰·麦克斯韦博士、杰克·坎菲尔德、罗斯·谢弗、康妮·波德斯塔、埃里克·维亨迈尔、埃尔玛·邦贝克、阿特·林克雷德、奥格·曼迪诺、乔伊斯·勃勒泽斯博士、汤姆·霍普金斯、齐格·齐格拉、莱斯·布朗和马克·维克托·汉森等人同台演讲。她还撰写出版了好几本畅销书，其中包括《有趣的一面》（*Funny Side Up*）、《腾出时间，努力赚钱》（*Making Time, Making Money*）、《卓越表现》（*Excellence in Performance*）和《专业人士的最佳表现》（*Professionals at Their Best*）等。全美国 3200 多万个家庭收看了她的两档全美有线电视联合节目：《成功的策略，笑着走向成功》（*Success Strategies and Laugh Your Way to Success*），她还没有停下脚步。

丽塔从阿尔邦尼公司退休后，把时间花在了环游世界上，她希望用自己的故事来激励更多的人。她希望每个人都能对上天赐予的礼物和自己做出的贡献感到满意。这样的话他们就能像她一样，找到自己真正的人生目标。正如丽塔所说，无论做什么，她总是在"与人打交道"，她生活的激情是帮助他人。"当你把人放在第一位，让他们感受到自己的重要性，并教会他们相信自己的时候，就一定会有令人惊奇的事情发生。"

丽塔很清楚地知道她拥有善于和人打交道的天赋，她充分利用这种天赋来改变与她接触的每个人。对于一个在美国南方贫困地区长大的女士来说，这是一个创举，而她做到了。我们想与大家分享她的幸福秘诀，我们想为大家深入剖析，并告诉你们如何用已经得到的工具，改变世界并找到幸福。丽塔认为以下 5 种做法帮助她成就了当下的生活。让我们深入了解一番吧。

1. **给予**。丽塔对此给出了精辟的总结："如果你想过上富裕的生活，那就需要同时丰富别人的生活。"给予是互惠的，就像回旋镖一样，它最终又回到你身边。通过给予，方能得到，尽管这不应该是最终目标。给予应该是无私的，是不包含别有用心的行为。这并不意味着你需要给别人金钱，尽管钱在需要的地方总能受到欢迎。你可以通过许多方式奉献你的时间、努力、赞助和支持。当然，只要你肯付出，就一定会有人受益。饥饿的人有饭吃，无家可归的人有衣服穿，救助机构充分履行使命，病人和受伤的人得到血液，人们获得干净的水、日常用品和医疗护理……但是反过来想，当你捐赠时，你实际上可能比那些收到你礼物的人受益更多。互惠法则不仅会将你的财富返还给你，有时甚至会更多，而且对心理和身体健康大有裨益。

·为他人奉献的人往往血压更低。研究表明，那些积极贡献自己宝贵时间的人比那些不这么做的人寿命更长，5年内死亡的概率降低了44%。

·成为一名奉献者可以增强自尊心、减少压力和抑郁。

·最重要的是，给予可以激活大脑中与增加幸福感有关的区域。

2. **紧盯目标**。每个人都有目标，也都有必要的才能和技巧来实现它。找到你最主要的目标是成功和幸福的关键，也是你对他人产生影响的方式。根据丽塔的说法，人可以通过确定目标和发展才能来获得想要的一切。

3. 展现幽默感。丽塔以她特有的"丽塔式语言"而闻名，这确实非常有趣。在与她相处的整个过程中，她让我们笑个不停，这也是丽塔对身边的人发挥影响的方式之一。我们永远不能把自己看得太严肃，要能够从生活和所处的境况中找到幽默与欢乐之所在。笑是一个伟大的工具，也是与人和谐相处并改变他们每一天的最好办法。

4. 影响你的世界。丽塔说："你可能无法改变整个世界，但你肯定可以改变你自己的世界。"我们认为她所言极是。用你所拥有的一切去做你能做的事，每个人都有天赋，你应该专注于用你已经拥有的天赋来影响世界。有时我们的目标太大，一开始就想要改变整个世界，但变化就像池塘里的涟漪，远远地扩散到池塘的边缘，改变了我们从未期望它能改变的水面。这就是我们的影响在现实生活中的样子。在你的世界里，通过影响别人和改变事物，你在池塘里创造了涟漪，这肯定会比你想象的更深远。首先从努力改变你自己的世界开始，看看这能把你带向何处。

5. 心存感激。激情澎湃的演讲者经常会提到这句话，在 T 恤衫和咖啡杯上也常常能看到这句话。感恩是一种需要努力的行为。很多时候，当人们说感激，那只是一段时间的心情，因为生活中一些事情遂了他们的愿。然而，这并不是我们所要谈论的内容。坚持练习感恩，将以你无法想象的方式改变你的生活，我们甚至无法用语言来向你解释。学会感恩需要通过一点一滴的练习来实现。这是一种心态上的改变。每天起床后，在任何事情发生（或没发生）之前，便对你生活中的人和事心存感激。这样做很难维持的原因之一是，如果你身边有不这样生活的人，他们的举动很容易让你感到失望。我相信在你的一生中，你肯定有这样的经历。就像我们在前面谈到的"能量吸血鬼"一样，这些人不愿意付出努力过上感恩的生活，他们嫉妒和讨厌那些选择相反道路的人。如果你放任他们，他们就会整天在你的生活里喝倒彩，这会让你很难保持积极感恩的态度。避免这种情况的关键是避开那些努力让你失望的人。你无法挽回他们，他们也不想被挽回。你最好避开这样的人，专注于你自己的努力和积极状态。

通过这样做，你就可以改变你的世界。你在改变自己世界的同时，也会影响你周围的人和事，并能更好地在你所到之处产生变化。毕竟没有人注定要一辈子都一成不变。你肯定要成长，要利用你的天赋、技能和个性来完成自己的使命和你的人生目标。将你的目标与你独特的经历和个性结合起来，就可以使你处于让身边人也受益的位置。丽塔将她的幽默感与她在生活中所获得的智慧结合了起来，她把曾经的极端贫困变成了现在非凡的成功。但她从未试图改变自己的身份，这便是她成功的秘诀。她为自己的人生开了一服笑的药方，过上了幸福的生活。

要严肃地对待生命，不要一本正经地生活。

第十四章

做事要一步一步来

一步一个台阶，攀登成功的阶梯。

许多满怀抱负的人总想把所有的鸡蛋都放在一个篮子里，他们抱有宏伟的志愿，认为这将改变生活，并最终让自己腰缠万贯。

是的，他们将成为家喻户晓的人物，成为市场的下一个热点。他们确信，一旦到这个时候，他们的生活就会安定下来，就再也不用工作。

如果弗雷德·瓦根哈斯遵循以上这些套路，他肯定难以达到真正持久的成功。因为改变他生活的不是某一个伟大的想法，而是好几个不同的愿景，而每一个都让他登上了更高的人生阶梯。

你可能没有听说过弗雷德·瓦根哈斯，但你肯定认识他发明出来并推向市场的产品。这其中包括喜度摩托艇（Sea-Doo）、四轮自行车和纳斯卡（NASCAR）压铸微型汽车。这些伟大发明背后需要不可思议的才智，但当大家了解弗雷德这个人的过往，就会觉得更不可思议。

在高中校长看来，弗雷德这个学生应该不会有什么成就。他是个差生，学业成绩在班上排名垫底。他的大学生涯也很短：他读了一个学年，在大学把他踢出去之前就主动退学了。这个决定背后的原因令人信服，起因是他的一个教授。当弗雷德问她赚了多少钱的时候，她回答说 1.8 万美元。"那你打算怎么教我成为一个百万富翁呢？"他问。

弗雷德确实接受了教育，却不是来自书本或正规的教育机构。他找到了一位导师培养自己——这个人开着敞篷跑车停在他家门前的停车道上，副驾驶位置上坐着一位漂亮的金发美女。这名男子是模具推销员，当时他正好前来拜访弗雷德的父亲，弗雷德的父亲在惠尔浦（Whirlpool）公司从事模具制造工作。就在那一刻，弗雷德突然明白了他自己也想成为一名模具销售员。于是，他恳求那人当他的老师，教他所知道的一切。

在接下来的 4 年里，弗雷德一直待在这位推销员的身边，这位推销员传授给他非常重要的经验。那时的他并不知道这些经验会对他后来的成功产生巨大的影响。他学会的第一条经验是：接受工作并认真完成。即使为完成这份工作你要赔钱，也要如约将其完成。

随后，弗雷德的创业生涯取得了进展，他自己开了一家模具设计公司。从那时起，他深耕雪地车设计。他设计的喷射泵船获得了专利，这项业务为他带来了第一次成功。但很快弗雷德就没钱了。由于需要支付员工的工资，他以 7.5 万美元的价格出售了该项专利。最终，他的发明成就了现在著名的庞巴迪摩托艇。

大多数人会认为，弗雷德会后悔以如此低的价格出售他的发明，毕竟个人水上交通工具行业价值数十亿美元。我们很容易认为他应该生自己的气，因为他本可以就此圆梦，并终身受益。

弗雷德的思维是非常规的，这很可能是他最终成功的关键。他需要钱来支付员工工资（他声称这些员工才是他最大的资产）。此外，他还需要资金来进行下一项业务。弗雷德非但没有自责，反而相信这在当时是最正确的决定。如果他还想要进行下一项业务的话，他就必须这样做。弗雷德没有循规蹈矩地认为自己只有一次成功的机会。不，他一直在追求更大、更好的梦想。

一步一个脚印，他最终如愿以偿。出售喜度（Sea-Doo）

专利得到的 7.5 万美元给了他设计四轮自行车的机会。他将此项设计卖给了吉普汽车公司（Jeep Corporation），吉普汽车公司后来又将其卖给了本田。这一次他还是没有赚到大钱，但他总算赚到了足够的钱来维持生意的运转。

一次偶然的机会，弗雷德认识了一位骑牛赛冠军。这位朋友邀请弗雷德和他一起到好莱坞去，因为他要去教一位演员在电影里表演如何驾驶机械牛。这位演员便是热门电影《都市牛郎》（*Urban Cowboy*）的主演约翰·特拉沃尔塔。弗雷德见了那台机械牛就知道他可以设计出更好的东西。回家之后他就着手设计。他买了 200 套机械牛的零件，组装好了销往全国各地，然后他再以极低的价格回收，又转手将回收的机械牛卖给海外用户。他从这件产品中获得了相当可观的收入。

弗雷德的冒险经历还带来了其他发明，例如为演员埃尔韦·维勒凯泽设计汽车，埃尔韦在电影《梦幻岛》（*Fantasy Island*）中扮演的角色塔图驾驶这辆车。

对我们大多数人来说，弗雷德的人生已经硕果累累，取得了巨大的成功。但弗雷德自己知道这只是小打小闹，根本谈不上大获全胜。值得庆幸的是，他是一个具有远见卓识的人，总是在思考下一笔生意。他把每一次成功都看作迈向更大成功的必要步骤。

有一次乘坐飞机的时候，他突然有了一个好主意。读了一篇关于棒球卡市场每年价值 5 亿美元的文章后，他想知道为什么没有人模仿著名赛车手的模样制作一辆小型压铸汽车，并给每辆汽车配一张交易卡。压铸汽车和交易卡都不是新事物，两者都已经在市场上存在了几十年，却没有人将这二者搭配在一起，进而开创一项新的运动——纳斯卡赛车。弗雷德的主意妙不可言。他以前的发明和设计让他结识了很多人，这其中就包括纳斯卡冠军车手戴尔·恩哈特。弗雷德希望支付 30 万美元，以便获得恩哈特的独家授权。恩哈特欣然同意了这项交易，但问题是当时弗雷德根本拿不出这笔钱。

弗雷德坚信，做生意要一步一步来，通过做好这一笔生意才能做好下一笔更大的生意。他卖掉了自己的房子来支付恩哈特的独家授权费。这值得吗？在短短的 8 年时间里，弗雷德·瓦根哈斯在铝合金压铸赛车的生产上创造了每年 4.07 亿美元的销售额。2005 年，他以 2.45 亿美元的价格再次卖掉了自己的公司。

在捧得了财富圣杯、赢得了大满贯、实现了场外全垒打之后，只要愿意，当然可以轻轻松松地休息一年、十年甚至是余生。但弗雷德并不想就此止步，每天早晨起床去工作对他来说是一种仪式。弗雷德的球可能已经击中了最佳位置，但对他来说，这只是达成下一笔交易的一个过程。每天，他都热切地追求下一笔大生意，并兴奋地想知道这将把他引向何方。

弗雷德是如何做到的？他是如何做到不断攀登成功的阶梯，每次都比上一次达到更高水平的？我们问他，他分享了给他带来如此巨大成功的秘诀：

1. **聘用重要的人**。弗雷德很清楚，员工是比金钱更有价值的资产，他许多交易的初衷都是为了支付工资来留住他们。"我很幸运能够掌控全局，但我的聪明之处在于聘用了这一群能让一切发生的员工。"弗雷德说。

2. **绝不放弃**。他说："就算你把我扔到空旷的沙漠里，我也会找到回来的路。"弗雷德意识到了许多企业家没有意识到的问题：成功绝非一蹴而就，总有另一个机会在等待着你。即使品尝到成功的喜悦，弗雷德仍然在努力。就像他所说的那样，"梦想可能会变，但从来不会缺席"。他每天早早起床，6点之前来到办公桌前。这是仪式的一部分，让他始终保持专注和成就感。

3. **永远不要让任何人比你更努力**。竭尽所能地努力工作，只要你以身作则，其他人就会以你为榜样。对弗雷德来说，工作必须进行下去，他每天都会列出清单，并逐一检查完成情况。这样做可以使他看到正在取得的进展，一步一个脚印。

当你遵循弗雷德的理论时，每一次成功，无论大小，都在帮助你迈向未来更大的成功。一夜成名只是例外状态，绝对不是常规。一开始你要站稳脚跟，然后让每一次成功推动你进入下一个阶段。你需要认识到这样一个事实：不是每一笔生意都会成为全垒打，但是只要你能安全地将球打出去，最终你一定能成功地到达本垒。

获得成功是分步骤进行的，不幸的是，大多数人都想一夜成名。他们希望有一天早上醒来的时候，自己突然就"成功"了。但是，很少有人能突然被发现，然后就像火箭升天一样一鸣惊人。当成功没有如愿而来时，挫败感就会接踵而至。我们怀疑自己，不再专注于目标，是因为我们并没有意识到自己其实已经运行在实现目标的轨道上。我们要做的就是坚持不懈，并对成功有充足的信心。

我们每个人都在进步。达·芬奇15岁时开始学习绘画，他花了10年时间当学徒，学习和完善手艺，然后才完成了别人委托他的第一幅作品。他最著名的画作《最后的晚餐》和《蒙娜丽莎》是在他四五十岁的时候才开始动笔的。为了创作世界上最著名和最令人钦佩的画作，达·芬奇花了将近40年的时间做准备。试想一下，如果达·芬奇因为第1幅、第2幅或第40幅画没有成为杰作就放弃了自己的绘画事业，会发生什么呢？同样的道理，如果弗雷德没有以

7.5万美元的价格出售他的喜度（Sea-Doo）专利，没有用这笔交易换取实现未来目标所需的资金，那么他的生活会有多大的不同。他就是"任何成功都不算太小"这一理论的典范。每一笔交易要对买卖双方都有利，这就是让你成功的秘密——生意要一笔一笔地做。

成功是一趟持续的旅程。你的脑子要总想着下一笔生意，要把每一次成功看作引领你走向最终成功的必要步骤。

第十五章

愿为激情而活

将自己融入更伟大的事业。

在孜孜以求地寻找人生成功的魔法钥匙这一旅程中，有一个故事深深地触动了我们的心。我们平常遇到的人无不希望自己能取得成功，进而改变自己的生活。但我们也有幸认识了一些人，他们的成功完全是被帮助他人的愿望所驱动。道格拉斯·杰克逊就是这样一个人。道格拉斯也不能幸免于对个人财富的渴望，当他对个人财富的追求被通过改变别人的生活而获得财富所取代时，他便有机会品尝到两种成功的滋味。

道格拉斯的故事需要从他的父母开始说起。这个故事独特而迷人，值得与大家分享。

他的父亲在美国艾奥瓦州一个非常贫穷的家庭里长大。为此他定下了一个宏伟的目标：在 30 岁的时候成为百万富翁。不幸的是他失败了，因为他直到 31 岁的时候才实现这个目标。道格拉斯回忆起那些年他父母的生活几乎完全是围绕着追求金钱和实现家庭梦想在过日子。

他的父母通过开办企业实现了他们的目标。道格拉斯四年级的时候也确定了自己的目标：成为一名律师。他用两年时间完成了大学学业，两年后又完成了在法学院的学习。然后他投身律师行业，但他很快就发现了一个事实——很多人都比他赚得多！他不甘示弱，于是又重回大学，循着别人的脚步，他最终也成了一名富有的银行投资家。

在道格拉斯追求目标的过程中，他的百万富翁父母却发现：他们一家都很富有，却都过得不开心。于是，他们随心而动，创建了一个基金会。一个星期六的早晨，他们趁道格拉斯和兄弟们都坐在餐桌旁的时候，向孩子们宣布，他们已经把所有的财产都捐赠给了基金会。曾经被视为无比重要的金钱，对他们来说突然没有了价值，他们的儿子也不能继承他们的财产。

人们在追求幸福的过程中经常追逐万能的金钱。他们拒绝相信世界上有金钱买不到的幸福，金钱是他们坚定不移追求的神话。当然，他们也将证明这个神话是错误的。

似乎当他们获得了财富，他们的苦难就成为过去；金钱满足了他们的一切需求，并为他们过上心满意足和幸福的生活铺平了道路。

直到他们认识到另一种真相……

道格拉斯的父亲发现，钱是生活的必需品，但拥有金钱并不能创造幸福。对他来说，没有目标的金钱是一种负担，而不是梦想。意识到这一点之后，他最终决定重新创造自己的幸福，并激发了他想成就比自身富足更伟大的事业，成为这份事业一部分的愿望。

道格拉斯的父亲开始寻找自己的目标。他以经济顾问的身份走遍世界各地，利用自己的金融知识造福他人。在访问一个贫困国家的时候，他参观了当地的一间诊所，道格拉斯的父亲发现诊所里空无一人，这让他十分震惊。诊所里没有设备，没有物资，也没有药品。他承诺将施以援手，返回美国后他履行了自己的诺言。他的车库里堆满了捐赠物资，但他想做得更多。为了做出更大的贡献，他向道格拉斯寻求帮助。道格拉斯佩服父亲无私地帮助他人的热情，同意为这项事业奉献 6 个月的时间。6 个月之后他将重新回到自己的事业上，继续追求个人的财富。

他们申请并获得了 7.5 万美元的经费，道格拉斯还得到了其他几个人的帮助。那是 18 年前的事了。他们基金会的"治疗项目（Project Cure）"从车库起步，现在每隔一天就会向 133 个国家发送一拖车的医疗用品。他们吸引了成千上万的志愿者，其中包括 25 名专职工作人员。他们的基金会被《福布斯》评为美国 200 家大型慈善机构之一，这真是个了不起的成就。

道格拉斯结束了自己的职业生涯，而且再也没有回到以前的岗位上。当被问及这么做的原因时，他说看到世界上还有那么多人正在遭受痛苦，他想为此做些什么。他们有机会通过拯救别人的生命来改变历史。在基金会的帮助下，第三世界国家的产妇死亡率降低了 61%，那些本来会在诊断后一年内死亡的癌症患者也因此迎来新的生命。每次帮助了一个人，他们都会意识到还有更多的事情要做，同时也获得了更多的能量。庞大的需求也打动了志愿者们，到现在为止共有 1.7 万多人参与该项目。这也引发了另一个问题："如何才能发动这么多人为你的事业奉献时间和精力，特别是在他们并没有得到报酬的情况下？"他的回答让我们发现了道格拉斯获得成功的魔法钥匙，这也是为什么他每天都在为此不停奉献的原因。

人往往会为激情或目标而努力工作。

我们都受到金钱的激励，但就像吃比萨饼一样，第一片尝起来总是最美味的，剩下的再吃起来，味道就没那么好了。赚钱也是如此。如果你没有目的地赚钱，效果就更加明显。如果你不能为你所做的事赋予充分的理由，你将永远都得不到快乐。道格拉斯已经从首席执行官变成了首席故事官。他的职责是从他们服务的国家引进证明可以直接造福他人的人，帮助志愿者们实现目标。这些故事是他每天工作的动力。

对于道格拉斯和他父亲这样的人而言，成功的魔法钥匙是确立目标并追求所爱。他们创造了比生活更重要的生命遗产，也改变了很多人生命的进程。也许这就是他们能够给予这个世界的最大礼物。正如道格拉斯所说："谁知道呢，被我们改变生活的人当中可能有未来的诺贝尔和平奖得主。拯救一位母亲，我们就可以改变整个家庭的命运。"

怀疑自己能对别人的人生产生如此大的影响是一件很自然的事。毕竟一个人的力量是有限的。但是，当我们的激情如此强烈，目标如此真诚的时候，我们就可以把微小的事情做成惊天动地的伟大事业。道格拉斯承认，对他们来说，追求这样一个崇高的梦想具有很高的风险。他也承认在这个过程中他们犯过错误，但他们坚持不懈，就像托马斯·爱迪生不断追求发明灯泡一样，他们从未放弃梦想。

对道格拉斯这样的人来说，财富并不是只关乎金钱。真正的财富在于能使他人获得真正的快乐，能唤醒你并使你感到充满成就感的事情。富足不在于你的银行账户的余额或工资的多寡，而在于同他人分享你的所得。道格拉斯分享了如何创造财富的方法：

1. 做容易做到的事。道格拉斯说："比起金钱，人们更愿意为他们所热爱的事业付出。要想找到通往财富的魔法钥匙，就要知道哪些是你觉得容易完成的事情，那将是你开始的最佳位置。没有人需要告诉迈克尔·乔丹如何打篮球，对他来说打篮球并不是什么难事。不要将精力放在你的弱点上，要专注于你喜欢做并容易做到的事情上。因为这些事情一定也是你所擅长做的事情。"

2. 允许自己为激情而活。我们总是试图满足别人，而不是辜负别人对我们的期望。我们的父母可能希望我们能顺利地进入一所名牌大学，毕业后成为医生、律师或注册会计师……满足他们的愿望让我们压力重重。如果这不是你想做的事，你就不会快乐，而且你可能也并不擅长做这件事。做你喜欢做的事，你就能做得很好。

3. 即便感到害怕，也还是要继续。不要让恐惧阻挡你前进的道路。尽管恐惧可能强大到挫败任何梦想，但那也只不过是一种情绪而已。恐惧会欺骗你，让你以为你离成功和财富越来越远了。它将成为你通往成功和财富之路的阻碍，使你陷入停滞，不敢往前。即使你持有通往梦想的魔法钥匙，如果你总是畏首畏尾，也一样无法实现梦想。即便感到害怕，也还是要继续。强烈的情感是改变生活的标志，你可以将恐惧视为一种信号，这表明某些非凡的事情即将发生。情感越强烈，回报也就越巨大。

4. 问一问自己：你是否愿意改做其他事情。如果你的答案是肯定的，那就去追逐那个梦想，一分钟也不要再浪费。生命如此短暂，不能浪费在不能实现的目标和自己并不热爱的事情上。如果你的答案是否定的，那么就请你坚持正在做的事情，不要放弃。竭尽全力，甚至是超越预期的努力，因为这正是你想做的事，也是你将为这个世界所留下遗产的一部分。

你的目标和激情对你来说独一无二，它们将决定你会留下些什么。你要做的就是找到它。一旦你找到了自己的目标和激情之所在，你就掌握了通向财富的魔法钥匙。这可能需要时间，但是只要你潜心寻找，就一定能找到。即便不是你找到了你的目标，目标也会自动寻上门来找到你。

道格拉斯的人生目标找到了他。当时他正忙于追逐另一个梦想，但他会时不时地回到自己的激情和梦想之中，最终他意识到那才是他真正的归宿，并决定全力以赴地投身其中。有了这种祝福，他打开了通往远比经济财富更宏阔的成功大门。在那里，他找到了通往幸福人生的钥匙。

你是正在寻找激情，还是说你的激情已经在那里等你，等你允许它充分绽放？

第十六章

做势不可当的人

践行施与法则，让你变得势不可当。

在探索创造和维持富足生活的魔法钥匙这个过程中，我们认识了一些了不起的人，他们的故事引人入胜。大多数人一说到巨大的成功，通常都会想到那些通过创业获得巨额财富的人，以及那些创造出某种业务或生产出某种产品，进而取得巨大成功的人。但我们也发现了一些不同凡响的人和事。当然，的确有很多人将自己的想法变成了实际的财富，并用这些想法创造了非凡的企业。然而，这个世界上还存在着另外一些人，比如道格拉斯·杰克逊等人。他们选择了非常规的路线。他们不销售产品和服务，而是掌握了帮助他人的行动和使命背后所具有的企业家精神。

对有些人来说，人生的目标不是个人的财富成功，而是实现帮助别人的愿望。

拿破仑·希尔曾经说过："毫无疑问，你可以在帮助别人成功的同时也让自己以最快的速度获得最大的成功。"希尔所说的帮助别人不仅仅是指捐献金钱，还包括付出我们的时间、努力和知识。知识是我们拥有的最大资产，当知识和经验为赋予他人力量而结合时，就具备了无与伦比的价值。那些掌握了这种理念并在生活中予以实施的人都明白这是解锁无限财富的魔法钥匙。

围绕这一原则，辛西娅·克西锲而不舍地追求。作为势不可当基金会（Unstoppable Foundation）的创始人，她在改善自己生活和为他人提供各领域所需知识和工具等方面发挥了重要作用。她帮助别人的强烈愿望和取得的巨大突破就源于这样的灵感。

辛西娅辞去了在美国一家大型企业的工作，取出了全部积蓄，追求一种极简的生活，并完成了她的第一本书《势不可当》（Unstoppable）。事实上，她的职业生涯非常成功，她曾在斯普林特通信公司（Sprint Communications）担任全美客户经理这一高级职位，她也很享受在该领域中处于领袖地位。然而，她在自己的生活中却并没有感到幸福，也没有任何激情和灵感。她的灵感来自那些势不可当的人，她想写一本书，向全世界讲述他们的故事。

尽管辛西娅从来没有写过比大学里的学期论文更具挑战性的文章，但她依然坚持完成了她的这本书——这是许多人一辈子都无法实现的目标。两年半以后，她的书出版了，这是另一个值得称赞的成就，尤其是对于那些首次写作的作家而言。她也经历了拒绝和失望，但是她说，书中接受采访的那些势不可当的人给了她灵感，让她能够坚持下去。如果他们能够做到势不可当，那么她自己也可以。她执着的信念让她终于找到了出版商，辛西娅实现了自己的梦想，有资格享受成功的果实。

这至少是短时间内的成功。书籍出版一年半后，她那维系了 20 年的婚姻却走到了尽头。伤心欲绝的她打电话给她的人生导师寻求帮助，导师告诉她："每当你在生活中遇到巨大的痛苦，你就需要一个更加伟大的目标好让自己走出来。"他给她提出了一个非同寻常的建议：你为什么不去为那些有需要的家庭建造房屋呢？

她的导师刚刚从尼泊尔归来，他形容尼泊尔是世界上最美丽，却也是最贫穷的国家。听了他的话，辛西娅认真地考虑要为尼泊尔人盖房子，但这个想法并不足以减轻她的痛苦。她想知道她需要建造多少栋房子才能抹去她正在经历的痛苦。直到她数到 100，她才心满意足。

有一件事阻挡了辛西娅。作为一位单身母亲，她靠这本单价14.95美元的图书维持着生计。和其他新手作家一样，她没有庞大的邮寄名单，也没有为她大量投资的人际网络。她不知道怎么做才能资助起这么大规模的房屋建造项目，建造100栋房屋的愿景远远超出了她的能力。虽然她不知道该如何实现这个目标，但她确实怀揣着这样的愿景，并一心想着要将其变成现实。

她的目标比痛苦更宏大，这推动着她勇敢前进。辛西娅打电话给她的另一位朋友兼导师鲍勃·普罗克特寻求帮助。鲍勃告诉她，解决问题的办法很简单：每栋房子花费2000美元，她要做的就是找到10个人，请每人为她的目标捐赠2万美元。她鼓起所有的勇气，当场就开始募捐，询问鲍勃是否愿意成为第一个为此捐出2万美元的人。他吞了吞口水，答应了这个意料之外的要求。她不仅有了解决方案，而且已经完成了目标的10%。

在她从痛苦中恢复过来并立志要做一个势不可当的人的同时，她继续与他人分享她的宏大目标，并为这个项目寻找捐助者。在筹集了必要的20万美元后，她亲自带着18个人前往尼泊尔，建造了当年计划建造的100所房屋中的前3栋。那次经历从根本上改变了她的生活，因为她认为自己为那些尼泊尔人做了件了不起的事，但她没有预料到这会改变她的生活。

也就是从那个时候，她开始学习"施与和收获法则"。

《圣经》上说，"你们要给人，就必有给你们的。"然而，我们生活在一个样样都稀缺的世界，人们认为现在不是施与的时候——他们要等有钱了，等孩子毕业了，或者等生意好转了才能去施与。现实情况是，施与能够带来收获，而收获却不一定能导致施与。如果你一直在等待观望，总是觉得自己没有钱，那你的能量就一直处于收缩状态。

辛西娅证明了"施与和收获法则"的有效性。尽管她的目的是完成该项目，而不是赚钱，但那一年她赚得的钱比她在斯普林特通信公司的最后一年所赚到的 6 位数收入更多。

这激发了辛西娅对"施与和收获法则"以及"贡献法则"的好奇。通过学习和观察受到这些法则指导而获得成功的人士，她的生活发生了更大的变化。

2005 年，她的第二本书《势不可当的女人》(*Unstoppable Women*) 出版后，她便开始寻找下一个慈善项目。她应邀参加了在肯尼亚举行的会议。关于这次会议，她唯一知道的是：这是一场搭建东非女性与北美女性会面并分享各自故事的会议。她不知道接下来会发生什么，但她的直觉告诉自己，一定要参加这次会议。

辛西娅在肯尼亚的农村度过了 5 天时光。在那里她听到了很多让她心碎并改变她生活的故事——关于贫困、艰辛和缺乏医疗保健的悲惨故事。她与因疟疾而失去孩子的母亲一起哭泣，因为她们没有医疗保健设施。当地的孩子喝着脏水，要花一整天的时间去取水和拖水，这些都让她震惊。当地的妇女告诉她，缺乏教育是她们面临的最大障碍。非洲妇女最大的希望就是让她们的孩子接受教育，因为没有教育，一切都不会改变。

这些故事开阔了辛西娅的眼界。一个人的出生地将决定他们的生活质量和他们获得最基本需求的途径，这何其不公平。对这种不公平的愤懑一直伴随着她，直到那次会议结束。在她看来，她根本没有能力对困扰这些女性的问题产生影响。然而，在分别的时候，女人们拥抱在一起。来自非洲的妇女向她请求"请不要忘记我们"！辛西娅发誓她不会忘记。

回家之后，她琢磨着自己能做些什么。毕竟问题太多了，而她只是一个柔弱的女人。后来，她从一位朋友那里获得了灵感：他的儿子不想要庆祝成人的礼物，而是请大家为特定的事业捐款。她有了解决的办法。

她的 50 岁生日马上就要到了，她要给自己办一个生日派对。她不要生日礼物，而是请大家一起来捐款。她的朋友们欣然而至，纷纷奉上善款，整个生日派对上捐款的人源源不断。这一晚上，她筹集到了 8 万美元，这些钱足以资助建立两所学校。实际上，大家是在感谢她，感谢她为改善世界各地儿童的生活所做出的持久贡献。

但辛西娅并不满足。她想，一晚上就能筹集到 8 万美元，如果她真的下定决心做这件事会怎么样呢？经过一番研究，她了解到在很多发展中国家，新修建的学校通常在 3—5 年内就会倒闭，原因是这些孩子无法获得干净的水。他们需要帮家人取水，或因为饮用了受污染的水而生病；吃不饱饭，导致他们营养不良；无法获得医疗保健服务，导致他们生了病就无法上学。

她发现了另一重障碍：如果这些孩子的父母不懂得如何创收的话，这个项目就无法持续下去。她必须同时专注 5 个支柱领域——教育、干净的饮用水、食品营养、医疗保健和收入培训，而不仅仅是建立一所学校那么简单。为了兑现对非洲妇女的承诺，辛西娅不得不扩大她的目标。

与支持这 5 个支柱的另一个组织合作之后，辛西娅的基金会已经培训了 5 万多人，其中包括 3.3 万多名儿童。他们帮助资助了两所高中，并资助了那个地区的第一所大学。他们帮助当地人获得了知识和技能，实现创收并成为社区的领导者。

受到那些势不可当的榜样的启发，辛西娅自己也变得不可阻挡了。她并没有继续书写"势不可当系列"书籍，而是完全专注于势不可当基金会的工作。她说，如果她没有倾听内心的声音并勇敢追求梦想，就不会发生后来的一切。

她说："如果你希望将内心的召唤变为现实，你就要勇敢地说'是'。第一步是要寻找机会去施与。施与深深地启发了我。这也是一个人所能完成的最伟大的事情。如果你打算做这样的事，你肯定能受到启发。要多多倾听，灵感和机会总会出现。玛丽·莫里西告诉大家要多关注那些你已经注意到的事物。我选择关注这种可能性，而不是成为受害者。她的话给了我很多启发。"

是什么激励了你？是什么让你快乐？若想了解答案，辛西娅向大家推荐了她在书中设置的自我发现练习。问一问自己以下这些问题，你就能得到答案。

·你想成为何种事业的一部分？你希望自己的生活是什么样子？

·你最想服务的人群是谁？是儿童、妇女、少数族裔还是生病或处于艰难之中的人？

　·最能激发你灵感的动词是什么？换句话说，你最想采取的行动是什么？它可以是写作、建造、组织或聆听。这将引导你走向你真正想做的事。

　·你想要的最终结果是什么？

　因为这些灵感，辛西娅变得视野清晰起来。她的经历表明，灵感和施与的法则并非截然分开。事实上，它们二者相辅相成。"我得到了很多，又因为施与而感到非常幸运，这成为永恒的循环。当你施与的初衷不是义务而是灵感的时候，施与就变成了一种神圣的使命，一种神圣的灵感，它会变得富有成效，而不是趋向枯竭。"

　在出版了两本关于那些势不可当的优秀人士的书籍之后，辛西娅知道了做一个势不可当的人需要什么。"人们有一种误解，认为要成为一个势不可当的人，你必须拥有超强能力或惊人的技能。但我发现事实并非如此。当你设定了目标，一个比你自身更宏大的目标，并且致力于实现这个目标时，你就一定能够获得成功。"一开始的时候，辛西娅并不知道如何写书、筹集资金或创办基金会，她没有理由相信自己能获得成功。但她已经做出了承诺，一旦承诺，就像天意降临一样，一件件支持你实现愿望的事情就会以你无法想象的方式发生。当然，除非做出决定并许下诺言，否则接下来的事情都不会发生。

当你对目标说"是"的时候，无论目标多么微不足道，只要你做出承诺，很多事情就会接踵而来。你会找到答案，但那也是你在做出承诺之后才能在众多的资源中找到的答案。有些人认为，在做出承诺之前，必须先向他们展示未来的方向，但事实恰恰相反。

你要相信自己的信念，由此生活和成功才会在你的面前徐徐展开。只有这样，你的魔法钥匙才能打开成功的大门，你的愿景才会获得源源不断的动力。

当知识和经验为赋予别人力量而结合在一起的时候，会呈现出无与伦比的价值。那时的你才会变得势不可当。

第十七章

设定里程碑

人的生命里没有终点线，有的是一座又一座里程碑。

你在生命中留下的遗产对你而言价值几何？它值得你所付出的牺牲、时间、精神和体力吗？你愿意不惜一切代价去实现它吗？你会让恐惧在你和你的目标之间筑起一道不可逾越的屏障吗？

在本书中，我们遇到了一些不可思议的人，他们都实现了看似不可能实现的目标。这些人有一个共同点，那就是他们的愿景都战胜了心中的恐惧。他们都会告诉你，想要成功并不容易，你需要付出巨大的灵感、汗水和耐力。很多人在成功之前就已经选择了放弃。所幸的是，这些苛刻的要求最终都没能阻挡他们，成功的最大障碍也没能得逞。这个障碍不是别的，就是恐惧。

没有人比詹姆斯·劳伦斯更了解恐惧。他的恐惧之旅开始于铁人三项比赛，或者更具体地说，当一名职业的铁人三项赛选手。铁人三项赛是三项艰苦运动的总称，被认为是世界上最困难的体育赛事。它包括 2.4 英里（约 3.86 千米）的游泳、112 英里（约 180.25 千米）的自行车骑行和全程 26.2 英里（约 42.16 千米）的马拉松，比赛全程都不能休息。此外，所有项目必须在 17 小时内完成。很少有人敢于尝试，更少有人能完成所有三项赛事。但有一个人却是罕见的例外，这个人就是詹姆斯·劳伦斯。在比赛中，他的心中总是充满了恐惧，恐惧几乎把他击倒，威胁他的生命。

成为一名铁人三项赛运动员不仅仅是为了赢得比赛和展现耐力。对詹姆斯来说，这是他核心信念的一部分。他的故事不是关于他的成就，而是关于他所做的事和他在做事过程中所影响的人。他的目标变得比体育赛事大得多——激励更多的人将不可能变为可能，并创造出比生命更伟大，比恐惧更深刻的人生丰碑。

在詹姆斯看来，铁人三项赛会使选手的身体和精神高度紧张。比赛之前需要经过艰苦的努力、牺牲、痛苦和无尽的训练。但对他来说，这一切都是值得的。因为每次完成140英里（约225千米）的极端耐力测试，他都感到无比兴奋，他想尽可能多地拥有这种感觉。不仅如此，他还想创造纪录使之变成自己人生的遗产，于是他下定决心，准备打破一年内完成最多铁人三项赛的世界纪录。

在第六场比赛中，他知道自己遇到了对手。他以第12名的成绩冲出水面，跳上自行车，超过了领先者。他的表现很好，但是当他骑行到第100英里（约160千米）时，右腿开始抽筋。退出比赛是不可能的，他用左腿蹬完了剩余的自行车赛程。接下来他需要完成马拉松比赛。结束这26.2英里（约42.16千米），就可以结束此次铁人三项赛。不过，他越跑越觉得不对劲。他的身体渐渐失去了知觉，来到第17英里（约27千米）处，他已经彻底崩溃。当时他身上的每一块肌肉都在剧烈地收缩，这让他重重地摔倒在地上，失去了意识。正当医务人员照顾他的时候，一位朋友把电话递给了他，让他和9岁的女儿露西通话。

"爸爸，你还能走路吗？"她问。他回答说"不能"。

"那你能爬吗？"她继续问。答案依然是否定的。

"你会翻跟头吗？"

他突然意识到，如果一个9岁的孩子对他完成比赛都有如此坚定的信念，愿意相信他可以通过侧手翻的方式前进9英里（约14千米）的话，他就一定能找到完成此次比赛的办法。他挣扎着站起来继续往前走。在离终点线大约100 英尺（约30 米）的地方，他翻了个跟头，以此向他的女儿表达谢意。

凭借坚定的决心和众人的信任，他在那一年之中完成了30 场铁人三项比赛，打破了当时一年完成20 场比赛的世界纪录。然而，这还不够。詹姆斯意识到，他还没有把自己逼到让自己满意的程度，他还没有找到自己身体和精神的极限。他想要实现50-50-50 计划：50 天内在50 个州参加50 场铁人三项赛。

听说了他的这个计划，每个人都认为这是不可能的，因为这根本不可能做到。他们说这会伤害他的身体，医生也告诉他说这弄不好会要了他的命。即便他不畏艰险，身体能坚持下来，也会因为精神的疲惫而失败。他们指出，就连交通这一关都不可能实现：他不可能每天抵达一个州而不会遭遇机械故障或者什么别的困难。

詹姆斯认为自己的心态无懈可击。失败不是他的选项，为了成功，他决定坚持计划。他坦承，要想实现任何目标都需要发挥创造力、展现智慧并保持灵活性。正如他宣布这个目标时许多人预料的那样，困难一个接着一个。为了克服困难，你必须设定一个更宏大的目标并全力以赴。不要停下脚步，即使这是你以前从未做过的事情。

你最近一次做一件崭新的事情是在什么时候？你是否还记得你最近一次走出舒适区是在什么时候？你是否害怕前往不同的地方、害怕改变职业、害怕创办自己的生意？走出舒适区是一件令人心生恐惧的事情，因为这意味着你将要经历很多实实在在的挑战。就连詹姆斯也都承认它的可怕。每个人都会面临"困难"，而每个人的"困难"又各不相同。你面临的"困难"具体而真实，如果你能直面恐惧，就可以克服它。

与詹姆斯的经历相比，我们的目标和恐惧可能微不足道。无论如何，它们依然真实。像詹姆斯一样，我们也有能力采取行动消除恐惧，最终抵达梦想。

很多人无法实现目标的一个原因是，目标不够伟大，不足以点燃你内心最炙热的激情。当我们着手去完成某件事情的时候，我们需要有足够强烈的愿望，如此一来，就没有什么能阻挡我们前进。无论目标是减肥 20 磅（约 9 千克），还是攀登乞力马扎罗山，都是如此。如果愿望不够强烈，我们就不会采取必要的措施来实现它。在面对重重障碍的威胁时，这一点尤其关键。

约翰·戴维森·洛克菲勒对困难一点也不陌生。在他年幼的时候，他的父亲为了和"另一个"女人在一起，每次都会离开家好几天，甚至好几周，小约翰经常被留在家里自生自灭。他 16 岁的时候终于找到了人生的第一份工作，担任助理记账员。他一丝不苟地记录下自己赚到的每一块钱，并同时记录自己的储蓄、支出和投资情况。然而 1857 年美国经济的大恐慌使这一切化为乌有。

这种经济大恐慌是谁也无法控制的障碍，足以让大多数人停下前进的脚步，更让几乎每个人都产生了巨大的恐惧。但是约翰·戴维森·洛克菲勒却对此心存感激。"哦，那些不得不为了基本的生存而奋斗的年轻人是有福的人！对于那 3 年半的学徒生涯，以及其中需要克服的重重困难，我始终心怀感激。"

在这次大恐慌中，洛克菲勒趁机学习了金融和投资的知识。他认识到大多数人都很容易被社会上流行的看法和意见所左右。这种洞察力让他在经济灾难中脱颖而出，并茁壮成长起来。不到 20 年时间，全美国 90% 的石油市场都在他的控制之下了。当被问及他是如何取得如此巨大的成功时，他将其归功于自己在灾难中寻找机遇的能力。

障碍真实存在，但并非不可以克服。任何能够被称为人生遗产的成就，都不可能一蹴而就，而是需要一步一步地去实现。正如詹姆斯所说，他一步一步地走向终点，创造了属于自己的世界纪录。

人的生命里没有终点线，有的是一座又一座的里程碑。

詹姆斯·劳伦斯创造了许多里程碑式的成就，这都离不开始终在背后默默支持他的杰出团队——与他并肩作战的女儿、载着他从一个州辗转到另一个州并给予他充分的医疗、体能和精神照顾的团队成员。一路走来，始终有人与他在一起，给他提供帮助，助他渡过了一个又一个难关。

人生路上，总有障碍。正如詹姆斯所言，他的目标始终是50天内在50个州完成50次铁人三项赛，他有上千次机会将其减少到48个或更少。不知道有多少次，他骑着自行车睡着了，整个人摔倒在地上；警察把他扶到路边，告诉他不能再这样继续下去。挑战开始的第一天他就生病了，连续两天他都病得非常严重，他本可以就此放弃。接下来，身体的疲惫和41.1摄氏度的高烧将他击倒。有的时候，他的心里充满了恐惧，他不得不慎重地思考到底是直面恐惧，继续前进，还是收拾东西铩羽而归。他最终决定继续前进，他觉得为了留下人生的遗产，一切付出都是值得的。

通过设定一个大到让你自己都感到害怕的目标来成就伟大，这个目标需要大到天真的你根本不知道如何去使它变成现实。你需要始终保持势不可当的劲头，继续前进。你的梦想如此之大，除了奋勇前进你没有别的选择。

　　难道詹姆斯经历身心的重重折磨只是为了证明他能做到这些吗？他这样做是因为他想帮助更多的人，他希望用行动告诉大家：不管目标多宏伟而遥远，也不论有多少人说这不可能实现，只要不懈地努力，每个人都可以达成目标实现梦想。他希望他的故事能引发大家的共鸣。他深知他的行为可能产生巨大的社会反响。尽管他经历着痛苦和恐惧，但是为了这种影响力，他咬牙坚持了下来。

　　詹姆斯的故事也可以证明恐惧能使人心力交瘁。在第20天的时候，他受了重伤，躺在地上害怕得大哭起来。但他深知大多数人都不甚明了的秘密：战胜恐惧，你将得到想要的一切；战胜恐惧，你将成就更好的自己。

　　战胜恐惧，你就能在生命中留下宝贵的遗产。当你对某件事情如此地渴望，以至于它比你所感受到的恐惧更强大的时候，你就一定能找到某种方法来实现看似不可能完成的目标。当别人都说不可能的时候，你将用你生命的遗产证明自己。

　　这是你的生命。在抵达终点线之前，你要不断地击碎心中的恐惧，一次一个里程碑，全力以赴的你一定能创造出属于你自己的人生遗产。

魔法在里程碑中等待。

第十八章

改变世界

一个人如何通过简单的善举来改变这个世界。

你可以改变这个世界。我们已经从不同的角度分享了成功的魔法钥匙。每一个故事都为我们提供了学习和拓宽视野的机会，这样我们就能够更好地认识到生活中存在着的机遇。本章要分享的是通过简单的善举，改变数百万儿童的生命的故事。

1980 年，一个患有白血病的小男孩儿克里斯将不久于人世，这是他生命中的最后时光。临终之前克里斯有一个愿望，他想当一回骑着摩托车在公路上巡逻的警察。在当地社区和亚利桑那州公路巡逻队的帮助下，他终于实现了这个愿望。当天以及随后所发生的事情更加神奇，甚至难以用语言来描述。

弗兰克·尚克维茨是帮助那个小男孩儿实现临终愿望的团队成员之一。当弗兰克第一次帮人实现了愿望的时候，他意识到这是一件了不起的壮举：他可以通过简单的善举来改变这个世界。意识到这一点后，弗兰克决定成立一个非营利性的基金会，请患有危重疾病的儿童"许下心愿"，基金会帮助他们梦想成真。许愿基金会（Make-A-Wish Foundation）应运而生，如今它已成为世界上最大和最知名的儿童慈善机构。

从弗兰克身上我们发现，每天都在努力实现人生目标的我们并没有什么特别严重的问题困扰着我们。但是，如果事情比这更简单会怎样？如果小小的善举才是我们对这个世界施加影响的关键呢？从一个小小的愿望开始，弗兰克找到了影响这个世界的办法——帮助可怜的孩子在为时已晚之前实现梦想。

1980 年的时候，弗兰克并不知道他在这件事情中所扮演的角色会激起如此巨大的涟漪，以至于全世界都能感受到并谈论它。弗兰克在参与实现第一个孩子愿望的时候，他已经永远地改变了那个孩子的生命，也永久地改变了他自己的生活。通过许愿，他和他的基金会为那些正身处人生最黑暗时刻，亟须光明和爱的孩子的生活注入了魔法和希望。

通过许愿基金会，弗兰克有机会对这个世界产生了巨大的影响，大到连他自己都不知道究竟影响了多少人。生活以一种有趣的方式让人忘记了原来我们可以用每一天的行动来丰富周围的世界。专注于过一种有意义、充满激情的生活并不容易，但如果你希望产生影响、留下遗产，这样的生活却十分必要。

我们的人生目标决定了我们的影响力。我们都肩负着让这个世界变得更加美好的使命。我们可以通过给他人的生活带来积极影响的方式来实现这一目标。每天都是改变他人生活的机会。弗兰克的故事告诉我们，如何通过简单的善举，给别人的生活带来改变。当意识到你能对别人产生影响时，你会感觉到自己的整个心灵和灵魂都苏醒了过来。

请记住：小小的愿望能改变一切。

第十九章

志在必胜

你有能力获得任何你想要的东西。

我们会见和采访的企业家、商人和助人成功的专家们分享了他们打开成功大门的魔法钥匙。你可能已经注意到了，通往成功的魔法钥匙不止一把。事实上，很多钥匙都可以打开成功之门，而你需要找到最适合你自己的那把钥匙。

在寻找通往成功的"魔法钥匙"的过程中，我们听到了许多令人难以置信的成功故事，得到了许多意义非凡的建议。我们也知道，如果一本关于如何获得成功的书籍没有纳入成功学创始人拿破仑·希尔的观点的话，那它肯定是不完整的。拿破仑·希尔在至今仍被奉为成功学圣经的《思考致富》一书中分享了他的成就原则。虽然我们中的大多数人已经反复阅读和研究了这些原则，但我们还是想找到希尔的那把最神奇的钥匙——那把超越其他所有原则的成功钥匙。本书在一开始就介绍了"专注"这把通往成功的魔法钥匙。我们找到了拿破仑·希尔在一次讲座中讲演的内容，他在此次讲座上分享了另一把神奇的钥匙。将这把钥匙与专注相结合，你就能打开通往各种成功的大门。讲座的对象是拿破仑·希尔的合伙人威廉·克莱门特·斯通所领导的保险推销员。我们在此分享那次讲座的文字稿，以便大家可以向大师学习。

40 多年前，我和世界上那些富有、成功的人一起，开始向人们传授一种关于个人成功的哲学，其基础是这些成功人士用毕生的时间，在战胜错误和历经磨难中所获得的宝贵经验。这种哲学包含了 17 条原则，现在被称为"成功的科学"。这些原则不是我一个人的想法，更不是我凭空捏造或发明的东西。这些原则是亨利·福特、托马斯·阿尔瓦·爱迪生、安德鲁·卡内基、亨利·约翰·凯萨和威廉·克莱门特·斯通等人以及其他在这个世界上取得了非凡成就的杰出人士共同发现的成果。如果我给你们讲这 17 条原则，你们可能连一条也记不住。当然，如果你全都记住了，那才是真的不可思议。所以，我不会和你们谈论这 17 条原则。我将只和你们讨论一条原则，其他的原则就会融会贯通。这 17 条原则的目的就是帮助你们发展我接下来要讲的内容。没有这些内容，无论你们在这里接受了多少培训，都永远不会成功。顺便说一句，你们在这里收获了很多知识，这很了不起。但除非你们获得了我将要和你们谈论的这一特质，否则你们永远不会成功。

在过去的 5 年里，我眼看着斯通先生创造了奇迹。我们这里的一些年轻人，他们原本每周的收入不超过 75 美元。在斯通先生的帮助下，他们把收入提高到了每周 1000 美元。是的，甚至每周 1300 美元，这已经与美国总统的收入一样多了。这种情况真实地发生了。我认为我清晰地知道这一切是如何发生的。之所以出现这种情况，是因为他让这些人能够发展出我将要与你们讨论的这种特质。在我告诉你们这种特质是什么之前，我希望你们能在笔记本中记下你认为在你即将从事的某项特定工作中，如果想要取得成功，最需要的一样东西是什么——一样特别的东西。我不要两样三样，我只想要一样东西。一样东西，一种品质，你最需要的一种品质，顺便说一句，这也是我要给你们的东西，是你们只要开口就能得到的东西。并不需要你们经过多年艰苦劳动才能获得。只要你们愿意，立即就能拥有它。这也给了你们一个很好的线索来推测它到底是什么，不是吗？答案呼之欲出。

多年来，我一直以撰写格言警句和用尽可能少的语言陈述伟大的真理为己任。也许我所书写的那些杰出的表达你们都已经看过了，如果还没有看到的话，未来一定能在我已经出版的著作中读到。对很多人来说，那可能只是一些无聊的词语组合，但事实并非如此。除非你认识到你有能力从生活中获得任何你想要的东西，按照你自己的方式生活，除非你有了这样的觉悟，否则你就还没有充分利用你的潜力。

这个特质很重要。正是因为这个特质，安德鲁·卡内基委托我写下了世界上第一本关于个人成功的哲学书。那是1908年，当时没有人涉足过关于成功的哲学，也没人做到过。当时没有人将为了成功而必须做的所有事情都汇集在一起，并将它变成一种哲学。这些年来，我们凝练并总结出了成功必须要做的所有事情。后来我才理解了为什么卡内基先生选择让我这个当时只有20多岁的年轻人，与那些年纪大到可以当我祖父的人竞争，而且他们当中的许多人已经是大学教授了。我和250多个人竞争，但是除了我，他们都没有通过考核。如果我没有这种特质，如果他没有发现我的潜力，我当然也会不及格。只是当时我还没有开发自己的潜力。我甚至都没有发现自己的特质，但他知道我的特质和潜力所在。我依然在给你们提供线索。在我最后告诉你们这个特质之前，你可以随着我的讲解修改你的答案。我很满意你们当中有些人正在试着修改答案。我给出的这些线索应该能够帮你得出答案了。其实并不困难。当我告诉你它是什么时，你会大吃一惊。

我拜访了卡内基先生，准备写一篇关于他的报道，因为有一家杂志付给我250美元，让我来写一篇关于他的故事。我没想到对卡内基先生的采访不仅改变了我的命运，而且通过我也改变了数百万人的命运。你们其中的一些人当时还没有出生。但这就是它所产生的效果。我得到了这个美妙的任务，卡内基先生让我在他家里住三天三夜。期间他不断地问我问题，从各个方面观察我。最后他认为他在我身上找到了一种他一直在寻找的特质。而这是他在其他250个人身上都没有找到的。虽然他们那些人都接受过更好的教育；他们比我年长，在很多方面都比我更有能力，但他们独独缺乏这种特质。他们本来也可以拥有这种特质，但卡内基先生得出结论，认为即使他们知道如何去做，也没人有那种能够激励他们获得这种特质的气质。

　　不管你们在这里学到了什么，也不管你们从威廉·克莱门特·斯通先生的指导中学到了什么；但如果没有这种特质，你们最好在开始之前就把自己的笔记交上来，因为你们根本就不会获得成功。除非你拥有这一特质，否则无论你在生活中做出什么选择，你都不会在任何事情上取得成功。这是你唯一能把握的事情。我现在对这一切都很热情。你无法控制你的妻子或丈夫，你可能认为你可以，但事实上你并不能。你无法控制自己的银行账户，你可能认为你可以，但事实上你也不能。它很有可能会被瞬间归零。这个我非常清楚，而且我有过切身的体验。环顾你的四周，这个世界上只有一件事是你能控制的，那就是我现在要和你们说的这件事。我还没有告诉你们它到底是什么。你们已经写下了自己的想法。

　　卡内基先生和我谈了三天三夜，期间我问了他很多问题，他也问了我很多问题。他说："关于这种崭新的哲学，我已经和你谈了差不多三天了。我认为应该有人去创造这样一种哲学。这种哲学建立在像我这样的人的知识基础之上。为了成功，我花了一辈子的时间去弄清楚到底应该做什么，不应该做什么。你和我交谈，应该已经知道了这种哲学的潜力和可能性。我已经告诉了你我所知道的一切。现在我想问你一个问题——就一个问题——我希望你用'愿意'或'不愿意'来回答。但在你下定决心之前请不要贸然回答。"我也会像他问我一样,明确地向你们提出这个问题。在我讲完之后,我也同样会问你们是否具备这种特质。如果你现在没有,你是否愿意发展出这种特质。你的答案将决定你未来的成功,请相信我。他说:"如果我委托你成为世界上第一个成功哲学的作者,给你写介绍信,这将帮你敲开任何人的大门,包括美国总统。你会得到无数人的帮助。如果我这样做,你是否愿意用20年的时间来研究这种哲学?在此过程中,我不会给你任何补助,你只能自掏腰包。"

我呆坐在那里,当时我的口袋里几乎没有足够的钱支付回家的路费。坐在世界上最富有的人面前,他向我提议无偿或无补贴地工作20年。你会说什么?愿意,这正是我的回答。当然,我也可以想出很多拒绝那项任务的理由。第一,我不太确定哲学这个词是什么意思。第二,我兜里的钱撑不了20年。第三,我不确定拿破仑·希尔是否真的相信自己能完成这样的任务。这3个理由都不错,像这样的理由我还有很多。当我们遇到潜在的问题时,我们首先想到的是"不行"的那一部分,而不会去关注"可以做"的那一部分。这难道不是很奇怪的事情吗?

思维的运作方式很美妙,难道不是吗?相信我,这也是很不幸的事。因为我们总是很容易就跳到消极的一面。当我们苦苦挣扎还是遭受了失败的时候,我们没有意识到,生活带给我们的最好祝福往往都来自我们的失败,来自我们从失败中学到的东西,来自在此过程中我们对自己的了解。我们要谨记:如果你开始寻找成功的种子,你遇到的每一次逆境、每一次失败都是给你带来同等收益的种子。很多时候你会发现,失败是对你最大的祝福。

嗯,我坐在那里搓了搓手,又摸了摸手上拿着的杂志,我试着张嘴告诉卡内基先生我不能接受他此项提议的三四个理由。突然之间,我灵光一现。我很好奇,这个伟大的人为什么要把我这样一个名不见经传的年轻人,留在家里住三天三夜呢。我很好奇,突然间我得到了答案。我对自己说:"这个人在我身上发现了一些连我自己都还不知道的特质,这一定是非常棒的特质。他要给我一个机会,一个我从未听说过有谁曾经得到过的机会。"我脱口而出,答道:"我愿意,卡内基先生。先生,我不仅会接下这个任务,而且会非常认真地去完成它。"他握着我的手说:"我不仅喜欢你说的话,而

且我喜欢你说话的方式。我喜欢你的直接。我喜欢你的
眼神，我知道你是认真的。"他说："你没有问我你要
怎么做。你可能并不知道，也可能并不在乎。你所知道
的是你一定要完成这项工作。是这样吗？"我说："没
错，卡内基先生。每当遇到问题时，我总能找到解决这
些问题的方法。我想在接下来的 20 年里，我还会遇到
很多问题。"

你们认为他在我身上寻找到了什么特质？他在找什
么呢？我要你们告诉我。如果你们能告诉我它是什么，
那比我告诉你们答案要好得多。你们知道，真正的销售
高手都试图让买家知道他在做销售。我能把这个想法植
入你的脑海里，再让你自己说出来，让我看看你有多聪
明。这让我想起了小时候的一次经历。我的爷爷带我到
谷仓去。他在那里养了鸡，一种很特别的纯种鸡，可能
有成百上千只。他把谷粒撒在地上，然后又用稻草把撒
在地上的谷粒覆盖起来。"喂，爷爷，你为什么要这样
做呢？为什么不撒在地上就好了，这样鸡就可以直接吃
到了？"他说："让我来告诉你吧，孩子。你现在可能
还不能理解，我把谷粒掩盖起来是有道理的。第一，我
想让鸡自己把谷粒找出来，让它们感受到自己有多聪明；
第二，我想让它们发育得更好。"

　　如果你能激励一个人用他自己的思考提出自己的想法，而不是接受别人想出来的现成的想法，那该是一件多么伟大的事情啊。我认为成功哲学的优点之一就是它能使人变得足智多谋。当遇到了问题，你可能并不知道答案，但你在解决问题的过程中找到了答案。我又给你们提供了一些最新的线索。

　　你在纸上写下了什么呢？请如实告诉我，你写下了什么？你们认为要想在任何事情上取得成功，你必须具备什么样的特质？生活非常复杂，谁也不能回避问题。我们都将面临很多问题。你能否取得成功完全取决于你如何处理问题。我不是在谈论你的成功，我在谈论你将遭受的失败和挫折。那将是你的决定性因素——当失败降临到你身上时，当你面前出现重重障碍时，你会如何反应。你的反应将会是决定因素。现在我对这个特质非常感兴趣。你们都知道它是什么。如果你们也像我想的那样认真思考，你们就能知道它到底是什么。

　　卡内基先生正在寻找这一特质。他知道纯粹的研究往往无利可图，20 年的研究生涯对研究者来说是高昂的代价。他知道对我而言，前进的道路一定是充满艰辛的，他也知道我将一次又一次地面对诱惑，进而产生放弃的念头。我们每个人都会遭遇这些。你会发现，要不

195

了几天你就会为自己做出的决定找到放弃的理由。发现之后的反应至关重要，你的反应将成为你在这个行业或任何其他行业里能否取得成功的决定性因素。卡内基先生知道我会碰到问题，他知道我会遭受挫折，也知道这一切都会很艰难。接受过他测试的 250 个人也都知道这一切。他们都无法忍受，但我却可以接受。我怎么就受得了呢？他发现我有这样一个特质——当局势举步维艰时，我不会放弃，而是会更加积极；我这个人不接受任何失败，我总是把一切当作前路的垫脚石。换句话说，我认为我天生就有那种特殊的气质，尽管是卡内基先生把它发掘出来的。我有那种内在的品质，它使失败对我产生的影响就像一块红布对一头公牛所产生的影响。现在你也可以得到那种特质，不是吗？如果你想和一头公牛交朋友，你就得带着一块红布去见它，它就真的会和你交朋友。如果你真的想找到谁是未来的胜利者，只要把一个难题摆在他面前，根据他解决问题的方式或向问题投降的方式，你就可以判断出这个人是否真的能成为胜利者。可能每次你与未来的同事们交谈，你们的谈话都会陷入僵局。你有没有想过这个问题？现在的问题是，谁来进行销售？你是要获得一个"是"，还是其他人要从你那儿获得一个"是"，或者你想要从他那里获得一个"否"？这才是问题的关键所在。

在我为卡内基先生做研究的这20年里，我以培训销售人员为生。我已经培训了3万多人。我培养的百万圆桌会议（Million Dollar Roundtable）终身会员和人寿保险领域的人才可能比任何其他人培训的都多。鉴于我给他们带来的影响，百万圆桌会议的美国会员中，有1/3成为终身会员。

多年前，我到纽约去培训销售人员。有一天早上，我晚到了一会儿。我的秘书在办公桌上放了一份小小的备忘录，上面写着："纽瓦克洗衣公司的总裁说，他希望你能去他的公司和他谈一谈关于对他公司销售部门员工进行培训的事宜。他的销售人员遇到了一些困难。"我从来没有听说过洗衣店也有销售员。这对我来说是一个新领域，它对我提出了挑战。我说："好吧，我会在去之前调整好心态，确保我能一次就谈成生意。"你们是否有兴趣知道我是如何做到的呢？

在与对方见面之前，你是否有兴趣知道应该如何进行销售？让我再稍微多提示一点。在生意谈成之前，你是否应该知道你是在和谁谈生意？目标就是那些销售人员。不管对方说什么，也不管他长什么模样，你在离开办公室去赴他的见面邀约之前，你必须坚信他一定想要购买你的服务。我走进办公室，关上门，并告诉电话接线员在我自己走出办公室之前，不要为我接通任何电话。我在办公桌前坐下，对自己说："现在你要去纽瓦克洗衣公司，去和这个老板谈一笔生意。除非生意谈成，否则你不要回来。现在你清楚了吗？在生意没有谈成之前，你绝不返回办公室。如果需要在那里耗上6个月，你就在那里耗6个月。直到他同意这笔生意为止。你绝不能让这笔生意溜掉，否则你不要回来。"我要确保自己已经做好了心理准备，在我进行自我暗示的时候，我甚至到了我确信不管他说什么我都能做成这笔生意的状态。我叫来了手下的经理，他负责管理员工培训的课程。我说："杰克，我们一起去见纽瓦克洗衣公司的总裁吧。他想和我们谈谈培训他公司销售人员的事情。在我们谈成这笔生意之前，我们谁都不许回到这间办公室。"他说："那怎么可能？我有妻子和三个孩子要等着我供养。""嗯，"我说，"我也有妻子和三个孩子。我一定会回来，你也一定会回来。但我们一定要谈成了这笔生意之后再回来。我希望你能在我们开始之前把这个决定记在脑子里。"于是我带上他一起去见纽瓦克公司的总裁。杰克这个人是我花了很长时间培养的人，在他身上我花了好几千美元的培训费。我在课堂上曾多次讲过，如果我在某一点上表现不佳，我就有可能会毁了这么好的一个人。我希望杰克能在我身边，一旦对方表现出哪怕是一点点说"不"的迹象，他的存在就可以确保我不会临阵逃脱，因为我最信任的助手就在那里看着我如何表现。老板自己也要接受考验，我必须要做到最好。换句话说，我一直在时刻反省和监督我自己。

做好了准备，我们一起出发了。那是8月里的一个炎热的日子，是我感受过的最炎热的一天。我们大概是在中午之前到达了对方的公司。那个人从办公室里走出来说："嘿，先生们，天气太热了，让我们去体育俱乐部吧。那里很凉快。我们一起好好吃一顿午餐，然后到图书馆去聊一聊这件事。"我心里想："这不是一个好的开始吗？"我看了看杰克，他对我眨眼：这笔生意就要谈成了。他当时这么想，我当时也这么想——煮熟的鸭子好像就在眼前。我们一同前往。吃午餐的时候，这个人一直在跟我倾诉他的烦恼，而我静静地听着。他说的时候，我一口都没吃。我一边听一边制订计划。当他说完之后，我完全知道应该对他说什么。然后我们一起走进了图书馆。

"希尔先生，请说说你的看法吧。"他说。我们继续往前走。我告诉他我所认识到的导致麻烦的原因。我发现他的公司有一大群司机，这群人都靠着佣金和薪水过日子。他们中的大部分人的收入都来源于所获得的佣金。因此他们都竭尽所能地留住客户，否则他们就得不到多少佣金。但是现如今他们的生意正在萎缩。我发现了问题症结之所在，并告诉了他该如何扭转局势。我告诉他我需要多长时间才能完成这项工作，也告诉他需要花多少钱。我把所有的细节都给了他，他连眼睛都没眨一下。我仔细地看着他的脸，想看一看当我提到那笔费用时他是否会皱一下眉头或变一下表情。毕竟那是一笔相当可观的费用。他说："好的。"我看得出他相信我的话。当一切即将收尾的时候，我放慢了节奏，深深地吸了几口气。他说："好的，希尔先生，我想告诉你的是，我很感谢你们能来和我见面。我很喜欢你的分析，也很喜欢你们两个人。我特别欣赏你办事的效率。我认为你可以做得很好。"我看着杰克，他又对我眨了眨眼：这笔生意不就成了吗？他接着说："但是……"好吧，"但是"就像一个橡皮球，它击中了天花板，又掉在地板上，弹起来击中了我的眼睛，又击中了杰克的眼睛，只是他可能没有感觉到。"我给你打了电话之后，又给另外两个人打了电话，并给了他们和你一样的邀请，而你恰好比另外两个人先一步到我这里。明天我会与他们两位见面，然后我会打电话通知你。我认为你肯定能得到这笔生意，请不要误会。我很确定是你，明天我们会让你知道结果。"

现在是结束谈话的大好机会。你看，他表现得就像一个完美的绅士。他让我们很轻松，还给我们买了一顿丰盛的午餐，虽然我一口也没有吃。我们对此心怀感激。好的，明天。记住我的承诺：我说过不拿下这笔生意我们绝不返回办公室。我看着杰克。他坐在那里，然后想要站起身来，但他的手仍然放在椅子的圆扶手上。我看了他一眼。他身体僵直，就那样死死地靠在椅子上。如果他离开了椅子，如果他站起来接受了那个"不"，我会在走出那个人办公室的第一时间解雇他。他已经做好了放弃的准备。那个人已经给了他一个合乎逻辑的理由，他看得出来这单生意暂时没谈成。但我不这么认为。我去那里不是为得一个"不"回来，我去那里是要一个"是"。

在那种情况下你会怎么做？你们每个人都会走到这一步。到那个时候，你会卷起包袱，转身离开吗？将来当你们来到这一步的时候，我希望你们还能记起这个故事。被人说"不"，被人拒绝的机会很多。这是世界上最容易遇到的事情，据我所知也是这个行业中初学者最自然的处理方法。我知道，那些没有接受过培训的销售新手比其他有经验的人更容易被人拒绝。他们会被拒绝，是因为他们觉得自己十有八九会被拒绝。但是我不希望你半途而废。我希望你离开这里的时候，所期待的不是不要被拒绝，而是让客户无法拒绝。在我当时所处的那种境地，你会怎么做呢？

如果你像我一样是销售领域的老手，请你完全按照我的方式去处理。我完全无视他的说辞，对他开始了我的推销。我说："嗯，先生，感谢你刚才所说的话，但现在我有些事情想要告诉你。"然后我就直言不讳地讲开了。我准备好了反驳他的话。如果你第一回合的时候就全力攻击，你一定会出局。你需要做好反驳的准备。

你知道什么是反驳吗？如果想做好销售，你就一定要知道如何反驳。你应该准备很多反驳策略。好吧，我开始了反驳。一开始我讲了大约10分钟。换了一个角度，我又讲了六七分钟。到那个时候，这个男人已经拿出了手帕，擦拭着额头上的汗。我从来没有见过谁像他那样出汗。当然是我的话让他满头大汗。但我当时非常镇静，我的衣领甚至都没有湿。我已经在心理上、精神上和身体上让自己进入了状态，除了我追求的东西之外，我不接受任何其他结果，你们也可以做到这一点。我告诉了他很多我在第一轮谈话中没有提及的事情。当我放慢了速度的时候，他说："现在，希尔先生，我仍然很看好你们，但如果你是我，你会怎么做？"

这就是我在等待的时机，这正是我想让他问我的问题。你觉得我跟他说了什么？你会告诉他什么？我说："我知道如果我是你我会怎么做。你很清楚我有能力完成这项任务。你知道的，不是吗？"他说："是的，我知道。"我说："我如果是你的话，我现在就打电话给另外两个人，告诉他们你已经聘请了负责这项业务的人。""嗯，你说得对……那就这么说定了。"他准备离开，我回头一看，杰克还坐在那里。我说："走吧，杰克，我们走吧。"我们和那人握了手，然后沿着街道离开了。两个小时以来，我第一次放松下来，全身上下顿时汗如雨下。我浑身湿透了，不一会儿我就晕倒了。我瘫倒在人行道上，杰克说："天哪，他真是把你折磨得够呛。"我说："还没到让我无法站起来跟你说话的地步，杰克。如果当时你从椅子上站起来转身离开，我会在我们离开那里的第一时间解雇你。因为你准备只拿到一个'不'，而我坚持在那里是想得到一个'是'。"通过这个案例，我希望大家记住：不管情况如何，不论形势对你多么不利，只有那些不想要"不"的人，才能在生活中胜出。只要你不相信"它们太糟糕了，我对此无能为力"，你就依然拥有获胜的机会。

我想让你们从中吸取教训。我无法知道生活对你们来说意味着什么，即使你们自己也无从知道。但无论你多么聪明、多么睿智或多么有能力，你都会遇到需要调用所有智慧、情感和资源方能应对的情况。无论何时，有一件事你一定可以做到。无论情况多么不堪，你能做的就是告诉自己："我不知道将如何解决这个问题，但有一件事我可以保证：除非想出办法，否则我绝不会停止思考。"

拿破仑·希尔所指的是什么？为了让任何成功原则发挥作用，你必须具备的那个特质是什么？拿破仑·希尔在本次演讲中推崇的特质是什么？如果缺乏这种特质，你的每次努力是不是都有可能半途而废？这个特质就是对胜利的信念。只有当你坚信自己会成功，魔法钥匙才能开启成功的大门。你对胜利的信念需要坚定到若不证明你的正确，你绝对不会停止尝试。

你想要得到"是"而非"否"，你要拥有必胜的信念！

鸣　谢

　　成功人士的周围挤满了成功人士。就像有一句话所说的那样："你的人际关系网络决定了你的价值。"当决定写《向上突围》这本书的时候，我们认为这将是一次邀请人们与我们同行的绝佳机会。大家不仅有机会参与很多访谈，还有机会亲自提问或者发表有见地的评论。我们衷心感谢以下诸位的帮助，他们踊跃地站起来说："算我一个！"感谢你们对我们所做采访的贡献，感谢你们对拿破仑·希尔和魔法钥匙的热情！

成员：

肯·库特莱特

凯丽·库特莱特

韦德·丹尼尔森

伊索拉·冈萨雷斯博士

艾米丽·莱特然博士

琼·E.马吉尔

里奇·门德斯

让娜·奥尼尔

格里戈勒·陶施

杰夫·汤普森

伙伴：

亚当·基普尼斯

桑德拉·基普尼斯

我们伟大的团队：

卡特丽娜·戈因斯·桑顿

安吉拉·托特曼

向你们的成功致敬！

莎伦·莱希特　格雷格·里德